中国电力教育协会审定
《配电网建设改造行动计划》技术培训系列教材

环保气体绝缘金属封闭开关设备应用手册

国网陕西省电力公司　组编

中国电力出版社
CHINA ELECTRIC POWER PRESS

内 容 提 要

为进一步规范环保气体金属封闭开关设备的制造、安装、验收和运行维护，提高其在国内的制造和应用水平，推进低碳环保电网建设事业。国网陕西省电力公司组织编写了《环保气体绝缘金属封闭开关设备应用手册》。

本书分为4篇7章，分别为概论，环网柜和开关柜结构和技术参数、功能特性，试验、安装、调试，运行和维护。并附有应用案例，简要介绍一些典型的环保气体金属封闭开关设备的产品，以便读者参考使用。

本书既可作为环保气体金属封闭开关设备从业者的培训教材，也可供从事相关生产、运行、安装、调试、检修等方面的工程技术人员、管理人员和科研人员参考。

图书在版编目（CIP）数据

环保气体绝缘金属封闭开关设备应用手册 / 国网陕西省电力公司组编. —北京：中国电力出版社，2019.6

ISBN 978-7-5198-2532-4

Ⅰ. ①环… Ⅱ. ①国… Ⅲ. ①气体绝缘材料–金属封闭开关–手册 Ⅳ. ①TM564–62

中国版本图书馆 CIP 数据核字（2018）第 240578 号

出版发行：中国电力出版社
地　　址：北京市东城区北京站西街 19 号（邮政编码 100005）
网　　址：http://www.cepp.sgcc.com.cn
责任编辑：罗　艳（yan-luo@sgcc.com.cn, 010–63412315）
责任校对：黄　蓓　闫秀英
装帧设计：张俊霞
责任印制：石　雷

印　　刷：三河市万龙印装有限公司
版　　次：2019 年 6 月第一版
印　　次：2019 年 6 月北京第一次印刷
开　　本：710 毫米×1000 毫米　16 开本
印　　张：7.25
字　　数：114 千字
印　　数：0001—2000 册
定　　价：38.00 元

本书组织编写单位

国网陕西省电力公司

国网陕西省电力公司培训中心

中国电力科学研究院有限公司

南方电网科学研究院有限责任公司

云南电网有限责任公司电力科学研究院

国网江苏省电力有限公司南京供电公司

中能国研（北京）电力科学研究院

沈阳华德海泰电器有限公司

北京科锐配电自动化股份有限公司

上海平高天灵开关有限公司

厦门华电开关有限公司

ABB（中国）有限公司

本书编写人员名单

主　　编　邢　军

参编人员　（按姓氏笔画排列）

马祎静　王　照　王永宁　王兴越　牛　博
牛全保　毛文奇　邓云坤　孔祥军　叶祖标
兰　剑　吕新良　李化强　李向阳　李洪涛
李宾宾　李端姣　肖　晶　何日树　辛　锋
宋晓博　张南海　陈　磊　赵恒阳　赵晨旭
赵德祥　相晓鹏　姜万超　袁　培　聂青海
聂　宇　贾东升　贾延超　徐荆州　高　林
高文婷　梁　东　谢　成　谭　燕　樊全胜

教材编审委员会本书审定人员

主　　审　王承玉

参审人员　王颂虞　孙竹森　徐　勇

总前言

为贯彻落实中央“稳增长、调结构、促改革、惠民生”有关部署，加快配电网建设改造，推进转型升级，服务经济社会发展，国家发展改革委、国家能源局于2015年先后印发了《关于加快配电网建设改造的指导意见》（发改能源〔2015〕1899号）和《配电网建设改造行动计划（2015—2020年）》（国能电力〔2015〕290号），动员和部署实施配电网建设改造行动，进一步加大建设改造力度，建设一个城乡统筹、安全可靠、经济高效、技术先进、环境友好的配电网设施和服务体系。

为配合《配电网建设改造行动计划（2015—2020年）》的实施，保证相关政策和要求落实到位，进一步提升电网技术人员的素质与水平，建设一支坚强的技术人才队伍，中国电力教育协会自2016年开始，组织修编和审定一批反映配电网技术升级、符合职业教育和培训实际需要的高质量的培训教材，即《配电网建设改造行动计划》技术培训系列教材。

中国电力教育协会专门成立了《配电网建设改造行动计划》教材建设委员会、教材编审委员会，并根据配电网特点与培训实际在教材编审委员会下设规划设计、配电网建设、运行与维护、配电自动化、分布式电源与微网、新技术与新装备、标准应用和专项技能8个专业技术工作组，主要职责为审定教材规划、目录、教材编审委员会名单、教材评估标准，推进教材专家库的建设，促进培训教材推广应用。委员主要由国家能源局、中国电力企业联合会、国家电网有限公司、中国南方电网有限责任公司、内蒙古电力（集团）有限责任公司等相关电力企业（集团）人力资源、生产、培训等管理部门、科研机构、高等院校以及部分大型装备制造企业推荐组成。常设服务机构为教材建设委员会办公室，由中国电力教育协会联合国网技术学院、中国南方电网有限责任公司教育培训评价中心和中国电力出版社相关工作人员组成，负责日常工作的组织实施。

为规范《配电网建设改造行动计划》教材编审工作，中国电力教育协会组织审议并发布了《中国电力教育协会〈配电网建设改造行动计划〉教材管理办法》和《中国电力教育协会〈配电网建设改造行动计划〉教材编写细则》，指导和监督教材规划、开发、编写、审定、推荐工作。申报教材类型分为精品教材、修订教材、新编教材和数字化教材。于2016～2020年每年组织一次教材申报、评审及教材目录发布。中国电力教育协会定期组织教材编审委员会对已立项选题教材进行出版前审核，并报教材建设委员会批准，满足教材审查条件并通过审核的教材作为"《配电网建设改造行动计划》技术培训系列教材"发布。在线申报/推荐评审系统为中国电力出版社网站 http://www.cepp.sgcc.com.cn，邮件申报方式为pdwjc@sgcc.com.cn，通知及相关表格也可在中国电力企业联合会网站技能鉴定与教育培训专栏下载。每批通过的项目会在该专栏以及中国电力出版社网站上公布。

本系列教材是在国家能源局的技术指导下，中国电力企业联合会的大力支持和国家电网有限公司、南方电网公司等以及相关电力企业集团的积极响应下组织实施的，凝聚了全行业专家的经验和智慧，汇集和固化了全国范围内配电网建设改造的典型成果，实用性强、针对性强、操作性强。教材具有新形势下培训教材的系统性、创新性和可读性的特点，力求满足电力教育培训的实际需求，旨在开启配电网建设改造系列培训教材的新篇章，实现全行业教育培训资源的共享，可供广大配电网技术工作者借鉴参考。

当前社会，科学技术飞速发展，本系列教材虽然经过认真的编写、校订和审核，仍然难免有疏漏和不足之处，需要不断地补充、修订和完善。欢迎使用本系列教材的读者提出宝贵意见和建议，使之更臻成熟。

中国电力教育协会

《配电网建设改造行动计划》教材建设委员会

2017年12月

前　言

“十三五”以来，国家发展改革委员会印发了《关于加快配电网建设改造的指导意见》，下发了《配电网建设改造行动计划（2015—2020 年）》，计划“十三五”期间，配电网建设改造投资不低于 2 万亿元，要求配电网建设改造要大力应用节能环保设备，促进资源节约与环境友好，在建设环节落实《京都议定书》温室气体减排义务。

环保气体绝缘金属封闭开关设备是将环保气体作为主绝缘介质充入全密封气箱结构的新型金属封闭开关设备。它具有绿色环保、环境适应性强、安全可靠、维护量少、体积小、模块化和标准化程度高等特点，是配电网建设改造中电缆供电系统中需要大量使用的一种环保设备。

2017 年，国家电网有限公司已将该产品列入配电网建设及改造标准物料目录，并在其经营区域内示范使用。为进一步规范环保气体金属封闭开关设备的制造、安装、验收和运行维护，中国电力教育协会组织国网陕西省电力公司、中国电力科学研究院等 17 个单位编写了《环保气体绝缘金属封闭开关设备应用手册》，旨在提高环保气体绝缘金属封闭开关设备在国内的制造和应用水平，共同推进低碳环保电网建设事业。

本书编撰过程历时 1 年多，在此对参与本书编撰的参编单位和相关技术人员表示感谢。由于环保气体绝缘金属封闭开关设备应用时间短，制造和运行经验相对较少，疏漏之处难免，恳请广大专业技术人员提出宝贵意见和建议，以便进一步完善。

编　者

2019 年 5 月

目 录

开关柜篇

试验运维篇

综 述 篇

1 概　　论

1.1 背　　景

中压开关设备量大面广，大量运用于电网配电系统和广大中压用户中，是坚强智能电网中不可或缺的产品，直接关系到电网的安全可靠运行。20 世纪 50 年代以来，中压开关设备发展经历了敞开式、箱式、金属封闭式等阶段，在满足设备的功能性使用要求方面已经不存在问题，而且产品早已实现系列化和使用范围全覆盖。目前，创新和技术进步主要围绕开关设备在安全性、可靠性、小型化、环保等市场、社会及时代的需求不断展开。

六氟化硫（SF_6）气体是电力系统中应用最为广泛的气体绝缘介质和灭弧介质。SF_6气体具有良好的电气性能，也是一种很强的温室气体，对全球气候变暖的影响程度是二氧化碳（CO_2）的 23 900 倍。由于 SF_6 的化学性质极为稳定，在大气中存续时间可达 3200 年，一旦泄漏很难自然分解，对全球气候变暖的影响具有累积效应。

在 1997 年召开的《联合国气候变化框架公约》第 3 次缔约方会议上，84 个国家联合签署了《京都议定书》，以共同面对全球气候变暖问题，其中明确将 SF_6 定为六种限制排放的温室气体（二氧化碳 CO_2、甲烷 CH_4、一氧化二氮 N_2O，全氟化碳 PFC，氢氟碳化物 HFCs，六氟化硫 SF_6）之一，并要求发达国家首先将温室气体的排放量冻结在 20 世纪 90 年代的水平，进而于 2008～2012 年期间在此冻结水平基础上将温室气体的排放量削减 5.2%。

我国作为《京都议定书》的主要缔约国之一，正在积极地推进和执行温室气体减排任务。2016 年，在全球 175 个国家共同签署的《巴黎协定》中，中国政府承诺 CO_2 排放将于 2030 年左右达到峰值并争取尽早达峰，到 2030 年单位国内生产总值 CO_2 排放比 2005 年下降 60%～65%。“十三五”规划中，中央再次明确指出要积极参与应对全球气候变化，落实减排承诺。这意味着

继续使用 SF_6 作为绝缘气体，未来将造成环境成本、社会成本的大幅提升，因此，在电力系统中减少、限制，甚至禁止使用 SF_6 气体是电网装备发展的必然趋势。

40.5kV 及以下电压等级采用真空作为灭弧介质的开关设备目前已得到市场的广泛认同，采用真空灭弧室作为主要开断元器件的真空断路器、真空负荷开关等开关设备产品取代 SF_6 介质的开关设备基本已成定局。同时，采用 SF_6 替代气体作为灭弧介质也正在研究中。传统的空气绝缘开关设备，由于采用了大气作为外绝缘，受大气绝缘性能所限，体积较大，占地面积大，并且会受到大气的湿度、污染以及海拔等环境因素的影响，需要维护的工作量较大。研究表明，充入微正压干燥空气、干燥 N_2 等气体作为绝缘介质的中压开关设备性能表现良好，其研究成果已进入工业化生产阶段。因此，随着开断和绝缘技术的不断进步和完善，研制环保气体绝缘金属封闭开关设备，在理论和技术上已经成熟，国内已有设备制造企业生产的产品通过了型式试验并挂网运行，国家电网公司已将该产品列入了《国家电网公司重点推广新技术目录（2017 版）》推广应用类项目，并明确指出 2016～2018 年环保气体绝缘金属封闭开关设备的应用量不低于新增总量的 30%，年增幅不低于 8%，2019～2021 年达到新增总量的 90%，其他电网公司的推广应用也在积极进行中。

1.2 定义与分类

将环保气体作为主绝缘介质充入全密封气箱结构的金属封闭开关设备和控制设备。环保气体开关设备和控制设备的主开关装置可为真空灭弧室、全密封结构、以少量固体绝缘作支撑件、正常运行时充气隔室的气压不高于 0.05MPa 相对压力，最低功能压力（可以是零表压）下确保额定绝缘水平，但不能持续运行，运行连续性不低于 LSC2 的气体绝缘金属封闭开关设备。

其中的环保气体是指一种或多种无毒无害的气体，该气体应具有良好的电气性能和稳定性，在混合或加工的过程中、设备运行中，在电弧、水汽等其他外界因素共同作用下以及最终分解转化过程中均不产生任何对人和环境有毒有害的物质，并且温室效应系数不大于 CO_2。如干燥气体（Dry Air）、合成干燥空气（N_2+O_2）或氮气（N_2）等。

环保气体绝缘金属封闭开关设备可分为环网柜（Ring Main Unit，RMU）和开关柜（Cubicle type Gas Insulated Switchgear，C-GIS）两大类；二者的主要区别在于：开关柜设计额定电流一般在 1250A 及以上，且主开关装置一般为断路器。而环网柜设计额定电流一般在 630A 及以下，且主开关装置一般含断路器、负荷开关—熔断器组合电器等。

1.3 发展现状

中压环保气体绝缘金属封闭开关设备起源于 20 世纪 70 年代，90 年代以后得到广泛应用，按结构特征主要分为欧洲模式和日本模式。欧洲模式通常采用母线侧三工位开关加电缆侧真空断路器的结构布置方式，由真空灭弧室分断主回路后的二次合闸实现电缆侧快速接地功能。欧洲模式设计简单，联锁可靠，具有竞争力。日本模式采用母线侧三工位开关加电缆侧三工位开关，以及电缆侧快速接地开关的结构布置方式，断路器处于上下两个三工位开关的接地侧之间。这种设计符合传统的空气柜操作习惯，但机械联锁设计过于复杂，经济性不高。总的来说，国外研制中压环保气体绝缘金属封闭开关设备的公司并不多，主要是日本公司。

中压气体绝缘金属封闭开关柜在我国电力行业的应用数量并不多，估计在运设备总量为 2 万面左右，大部分为进口产品。国内开关设备制造企业早在 2004 年就开始研制环保气体绝缘交流金属封闭开关设备（C-GIS）并投入运行，2014 年左右开始研制环保气体环网柜 RMU。与现有的 SF_6 气体绝缘金属封闭开关设备相比，其研制难点主要集中在绝缘优化、温升控制、密封与检漏等方面。

（1）绝缘优化方面，若采用干燥空气或纯 N_2，由于绝缘性能仅为 SF_6 的 1/3 左右，与 SF_6 气体绝缘产品的外形尺寸基本保持一致的前提下需要对绝缘结构进行重新研究。

（2）温升控制方面，密闭的充气隔室空间对于负载电流产生的热量只能通过有限的对流、传导和辐射方式进行散热，而且干燥空气或 N_2 的散热能力仅为 SF_6 的 30%～50%，因此要使充气隔室内载流元器件的温升在规定限值内，需要减少发热功率和增加散热功率。

（3）密封与检漏方面，干燥空气或N_2的分子直径约为SF_6分子直径的62%，氦气的分子直径是SF_6分子直径的36%，采用氦气检漏设备可保证环保气体开关设备充气隔室出厂密封试验的灵敏度，可检出年漏气率小于0.1%的泄漏，以满足开关设备的生产质量要求。到目前为止，完成产品型式试验的企业已由最初的4家发展到40余家，部分产品已在电网公司、市政工程、工业用户等领域得到了应用。

1.4 技 术 特 点

环保气体绝缘金属封闭开关设备与SF_6气体绝缘金属封闭开关设备、空气绝缘金属封闭开关设备相比，其技术特点主要体现在以下几个方面：

（1）绿色环保。无温室气体排放；所有零部件及生产工艺均严格控制原材料中有害化学元素成分的含量，尽量减少生产过程中有害物质的产生；产品寿命周期后材料可回收率达90%以上。

（2）环境适应性强。所有高压元件密封在充气的金属壳体内，特别适用于高海拔、严寒、潮湿、盐雾、污秽等恶劣环境。

（3）安全可靠。采用微正压力气体绝缘，降低了气体泄漏的概率，即使气箱发生漏气故障，仍在最低功能压力（可以是零表压）时维持足够的绝缘强度，不会影响正常运行；全气体密封金属外壳可靠接地，保证了运行维护人员的安全。

（4）维护量小。高压绝缘不受外界环境的影响，不易老化；如果采用真空灭弧室代替接地开关多次关合短路，避免了接地开关不能多次快速关合接地电流，关合短路后需要维修；用户在现场无须进行SF_6气体泄漏检测与防护，可降低设备的全寿命周期成本。

（5）体积小。采用环保气体绝缘，保留了气体绝缘开关设备尺寸上的优势，柜体尺寸小，节约占地面积。

1.5 应 用 情 况

环保气体绝缘金属封闭开关设备已在全国范围内进行了应用。国网上海市电力公司辖区内已有千余台产品，且公司具有 12 年以上的挂网运行经验。此外，环保气体绝缘金属封闭开关设备在环境条件恶劣地区的应用优势较为明显，如气候较为湿润的沿海城市，重盐雾的港口，污秽程度较高的矿区，对占地要求苛刻的居民住宅区，以及空气稀薄、严寒、昼夜温差大、光照辐射强的高海拔地区。对于高海拔地区使用的环保气体绝缘开关设备和环网柜，充气隔室箱体设计压力要重新考虑，漏气率也要满足国标和行标的要求。对于环保气体环网柜中的组合电器单元，由于负荷开关采用真空灭弧室和熔断器组合，成本要高于断路器单元，与 SF_6 气体组合电器单元比较失去了成本优势，并且熔断器在额定电流无过电流保护的全电流范围保护功能、无电动功能及无法实现配电自动化的天然缺陷，所以环保气体环网柜采用断路器单元代替组合电器单元逐渐成为一种发展趋势。

截止到 2017 年 9 月，据不完全数据统计，环保气体绝缘金属封闭开关设备在全国范围内运行 11 027 面，运行区域覆盖全国 26 个省（直辖市、自治区）的电力系统，运行行业涵盖电网、市政、港口、航空、学校、矿业等。其中：① 电网公司：已有 2064 面在上海、辽宁、沈阳、重庆、厦门、黄山、内江、绍兴、营口、许昌、东胜、来安、定远、平顶山、徐州、建德、抚顺、鄂尔多斯、呼伦贝尔、广州、佛山等 20 余省（直辖市）电网公司运行；② 市政工程：已有 1864 面在中海油海洋平台、杨浦大桥、浦东机场、丹东港、黄河水电龙羊峡、中电投物资装备分公司、苏州公安局、上海聋哑青年技术学校、上海青草沙上游水库、南京浦口、满洲里审计局、尚金湾配电工程、苏州黄桥卫生院、江苏/浙江/广东业扩扩项目等运行；③ 工业用户：已有 303 面在三一重工集团、东北制药、大兴安岭金欣矿业、新疆保利深蓝矿业、新疆巴州墩德矿业、梅州卷烟厂等运行。

环网柜篇

2 结构和技术参数

2.1 概　　述

环保气体环网柜，是一种将灭弧室、隔离开关、接地开关等高电压元器件封装于密闭容器内，并充入微正压的环保绝缘气体，从而成为一种体积小且不受外界气候环境不良影响的开关设备。环保气体环网柜应满足 LSC2 的连续供电等级要求。环保气体环网柜的主要功能单元由断路器/负荷开关室、操动机构室、电缆室、和（或）低压室及泄压通道组成，分为独立单元型和单元共箱型，并可根据用户要求预留扩展功能。

环保气体环网柜的设计应能在允许的基础误差和热胀冷缩的热效应下不致影响设备所保证的性能，并满足与其他设备连接的要求，与结构相同的所有元件在机械和电气上应有互换性。

2.2 基 本 结 构

环保气体环网柜的基本功能单元包括断路器单元、负荷开关单元、负荷开关－熔断器组合电器单元，扩展功能单元包括 TV 单元、计量单元、站用变压器单元、母联单元、电缆升高单元等。

环保气体环网柜典型的功能单元结构有 3 种分类方式：

（1）按三工位开关位置分类：

1）三工位开关在母线侧，一次线路图如图 2－1 所示；

2）三工位开关在线路侧，一次线路图如图 2－2 所示。

注：也有部分环网柜采用单独的隔离开关和接地开关，而且隔离开关和接地开关不一定同时在母线一侧或线路一侧。由于环保气体环网柜中的绝缘介质是环保气体，其绝缘性能和灭弧性能均比 SF_6 气体逊色，因此 SF_6 气体环网柜常用的采用接地开关直接关合短路电流的方式在环保气体环网柜中性能难以保证，尤其是对气箱

内绝缘体的污染，这也是C–GIS中没有用接地开关直接关合短路电流方式的原因，同时也是环保气体环网柜多采用母线侧三工位开关布置的根源。

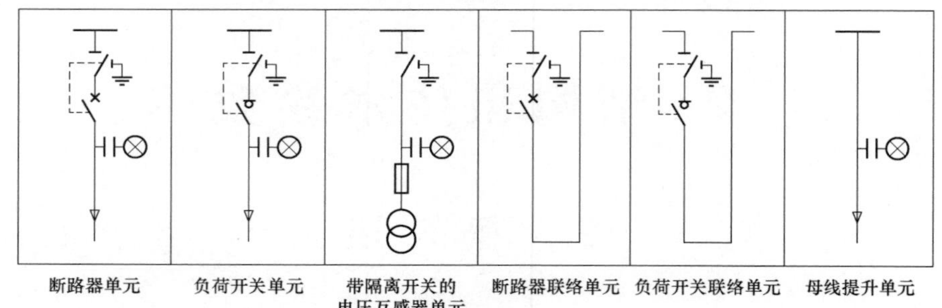

图2–1　三工位开关在母线侧

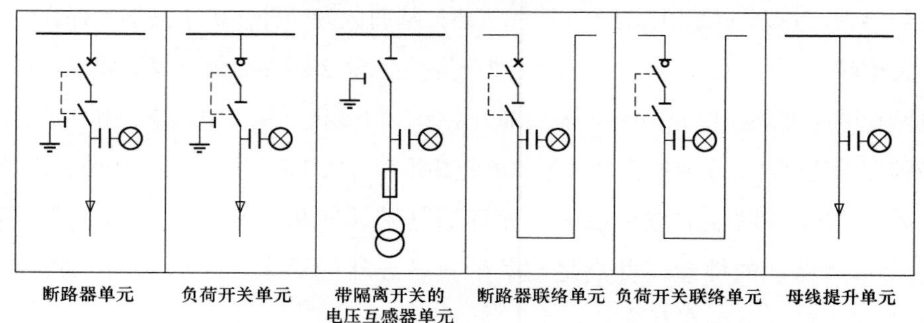

图2–2　三工位开关在线路侧

（2）按主母线的扩展方式分类：

1）主母线在气箱顶部连接或扩展结构（简称顶扩结构），如图2–3所示；

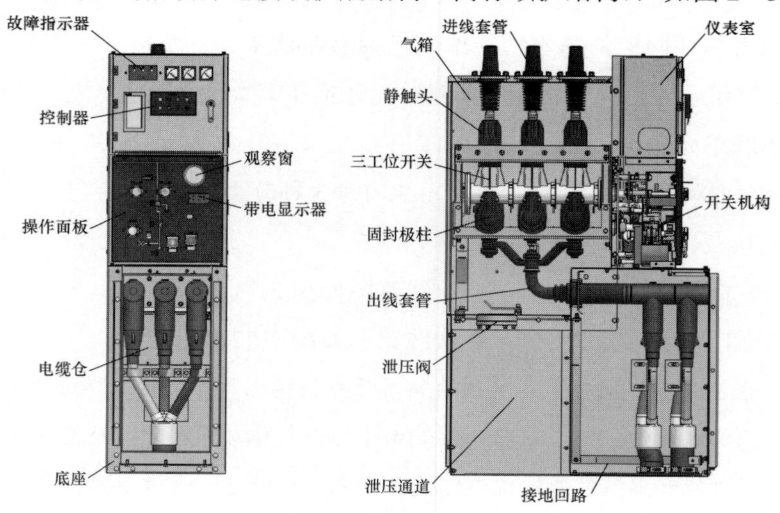

图2–3　主母线在气箱顶部连接或扩展结构（顶扩结构）

2）主母线在气箱侧面连接或扩展结构（简称侧扩结构），如图 2－4 所示。

两种母线扩展的结构各有利弊，例如：母线顶扩结构对地基精度要求相对较低，各单元更换相对容易，但柜间连接较长，母线安装外露易触及，应采取金属封闭防护措施。母线侧扩结构即柜间连接在气箱侧面，又分为单扩（左扩或右扩）和双扩（左右扩），对地基精度要求相对较高，各单元更换需要撤除相邻柜，但柜间母线连接紧凑不易触及，安全性高。

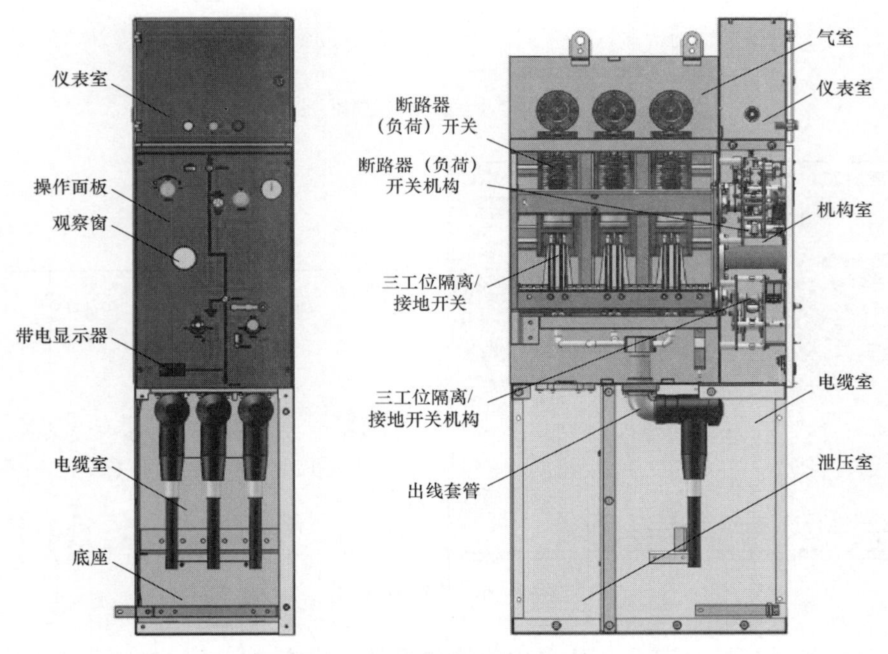

图 2－4 主母线在气箱侧面连接或扩展结构（侧扩结构）

（3）按各功能单元的回路结构分类。

1）单元型结构——单个功能单元具有独立的气室结构，如图 2－5 所示；

2）共箱型结构——多个功能单元共用一个气室的结构，如图 2－6 所示。

单元型结构组合方式灵活，当某单元发生故障时，不会波及其他单元，但各单元组合拼接后外部母线扩展连接点较多；共箱型结构组合方式固定，各单元母线均在同一气箱内固定连接，现场安装方便，但当任一单元发生故障后需要全部功能单元更换。

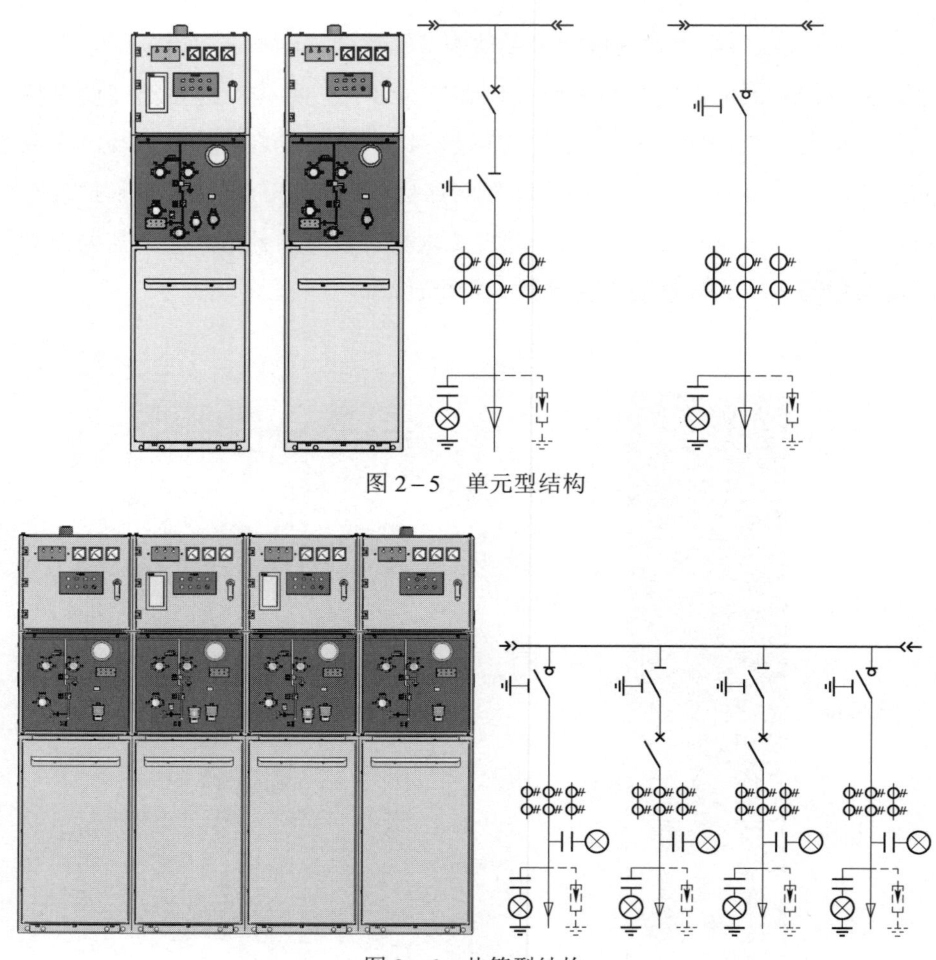

图 2-5　单元型结构

图 2-6　共箱型结构

环保气体环网柜产品总体采用模块化设计，由充气隔室（断路器或负荷开关、三工位开关及母线单元）、低压室、电缆隔室等组成。充气隔室为无磁不锈钢薄板经激光切割、激光焊接机或焊接机器人全自动焊接而成，非焊接密封连接面均采用气体密封结构。

2.2.1　低压室

与高压带电隔室完全金属封闭隔离，可安全触碰，安装在开关柜的上部。

标配：端子排、微型断路器、指示灯、按钮。

可选：综合保护器、电流监视器、压力显示等，具体取决于所选二次设备。

2.2.2 充气隔室

充气隔室内部一般安装有主开关元件，如真空断路器、真空负荷开关、隔离开关及接地开关等，不受外界环境影响，年漏气率小于等于0.1%，属于密封压力系统，免维护结构。

图2－7 防爆膜

压力释放装置（防爆膜）安装在充气隔室底部，当气室内部压力异常升高并超过预定值时，压力释放装置动作并释放压力，通过专用的压力释放通道泄压，避免事故扩大，保护人员、设备的安全。防爆膜如图2－7所示。

2.2.3 电缆室

电缆室又称作连接隔室，属于可触及的高压隔室之一。电缆室用于电缆的进出线，电缆室内安装有外锥电缆连接套管和电缆终端头、避雷器、穿芯式电流互感器、电缆抱箍、接地故障指示器等。电缆室的防护等级达到IP4×，具有内部电弧故障耐受能力。

2.2.4 母线连接器及电缆附件

母线连接器的作用是实现柜与柜之间的母线连接。母线连接可分为侧扩连接和顶扩连接两种方式，分别如图2－8和图2－9所示。

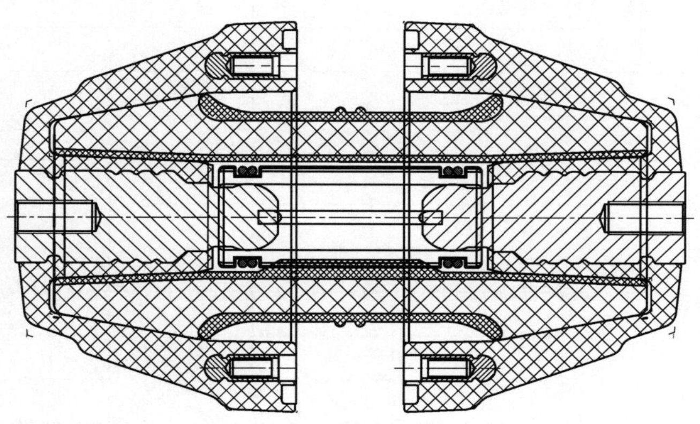

图2－8 侧扩连接

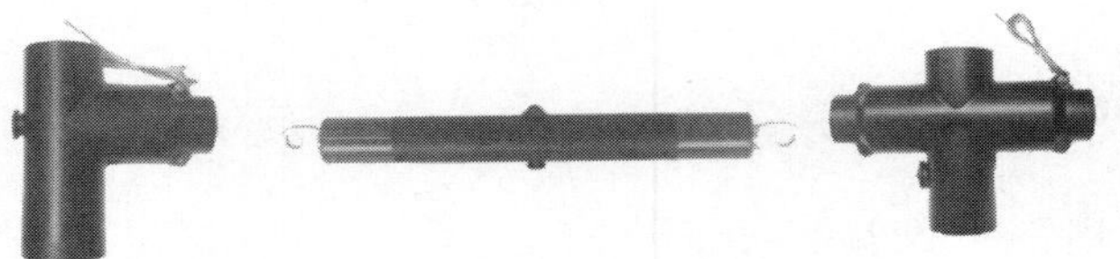

图 2－9　顶扩连接

2.3 技 术 参 数

12kV 环保气体环网柜技术参数见表 2－1。

表 2－1　　12kV 环保气体环网柜技术参数表

<table>
<tr><th colspan="2">项　目</th><th>单位</th><th>参数</th></tr>
<tr><td colspan="2">额定电压</td><td>kV</td><td>12</td></tr>
<tr><td colspan="2">额定母线电流</td><td>A</td><td>630</td></tr>
<tr><td colspan="2">额定 1min 工频耐压（相对地、相间）</td><td rowspan="5">kV</td><td>42</td></tr>
<tr><td colspan="2">额定 1min 工频耐压（断口）</td><td>48</td></tr>
<tr><td colspan="2">额定雷电冲击耐受电压（相对地、相间）</td><td>75</td></tr>
<tr><td colspan="2">额定雷电冲击耐压（断口）</td><td>85</td></tr>
<tr><td colspan="2">辅助和控制回路工频耐受电压</td><td>2</td></tr>
<tr><td colspan="4">真空断路器参数（CB 单元）</td></tr>
<tr><td colspan="2">额定电流</td><td rowspan="2">A</td><td>630</td></tr>
<tr><td colspan="2">额定电缆充电开断电流</td><td>25</td></tr>
<tr><td colspan="2">额定短路开断电流</td><td rowspan="4">kA</td><td>20</td></tr>
<tr><td colspan="2">额定短时耐受电流（4s）</td><td>20</td></tr>
<tr><td colspan="2">额定峰值耐受电流</td><td>50、63</td></tr>
<tr><td colspan="2">关合电流（峰值）</td><td>50、63</td></tr>
<tr><td colspan="2">电寿命等级</td><td>级</td><td>E2</td></tr>
<tr><td colspan="4">真空负荷开关参数（C 单元）</td></tr>
<tr><td colspan="2">额定电流</td><td>A</td><td>630</td></tr>
<tr><td colspan="2">额定短时耐受电流（4s）</td><td rowspan="2">kA</td><td>20</td></tr>
<tr><td colspan="2">额定峰值耐受电流</td><td>50</td></tr>
<tr><td rowspan="4">额定开断电流</td><td>闭环开断电流</td><td rowspan="4">A</td><td>630</td></tr>
<tr><td>有功负载开断电流</td><td>630</td></tr>
<tr><td>电缆充电开断电流</td><td>50</td></tr>
<tr><td>线路充电开断电流</td><td>10</td></tr>
</table>

续表

项　　目		单位	参数
额定开断电流	接地故障电流		50
	接地故障条件下电缆充电开断电流		50
短路关合电流和峰值耐受电流		kA	50
电寿命等级		级	E3
真空负荷开关—熔断器组合电器参数（T 单元）			
额定电流		A	125
额定短路开断电流		kA	31.5
额定短路关合电流		kA	80
额定交接电流（带脱扣器）		A	3150
额定转移电流		A	3150
隔离开关			
额定电流		A	630
额定短时耐受电流（4s）		kA	20
额定峰值耐受电流		kA	50
接地开关			
接地关合电流（峰值）		kA	50
电寿命		级	母线侧 E0/线路侧 E1（E2）
额定短时耐受电流（4s）		kA	20
额定峰值耐受电流		kA	50
接地回路			
额定短时耐受电流（2s）		kA	17.3
额定峰值耐受电流		kA	43.3
其他技术参数			
机械寿命	断路器	次	10 000
	隔离开关		3000
	负荷开关		10 000
	接地开关		3000
额定合闸操作电压/电流		V/A	DC，220/1.0、110/2.0、48/5.0
额定分闸操作电压/电流			DC，220/0.5、110/1.0、48/5.0
年漏气率		%/年	≤0.1
额定充气压力（20℃时相对压力）		MPa	≤0.05
防护等级			IP4×

2.4 运行连续性

按照 GB 3906—2006《3.6kV～40.5kV 交流金属封闭开关设备和控制设备》的定义，环保气体环网柜产品的运行连续性应为 LSC2－PM 级。

LSC2－PM 的详细解释如下所述：

LSC：运行连续性的丧失类别（Loss of Service Continuity Category），根据主回路隔室打开时其他隔室/或功能单元是否可以继续带电划分的设备类别。

LSC2 类开关设备和控制设备：有可触及隔室的金属封闭开关设备和控制设备。单母线开关设备和控制设备的母线隔室除外。这里的“2”，表示除打开隔室的本功能单元外，其他所有功能单元都能连续运行。

PM 级：表示具有连续并接地的金属隔板或活门。

3 功 能 特 性

3.1 基 本 操 作

环保气体环网柜在结构设计上继承了经过实际运行验证的成熟技术和方案。其基本操作与现有 SF_6 气体绝缘金属封闭开关设备基本一致。

开关柜中最重要的动作元件是断路器和三工位开关。

三工位开关的机械结构明确地定义了三个工作位置："合闸""分闸"和"接地"。三工位开关将隔离开关和接地开关两者功能整合为一体，具有公共触头系统，在实现合闸、分闸和接地功能的同时，减少了元器件的数量，降低了制造成本，同时提高了可靠性。三工位开关具有天然的机械闭锁性能，防止主回路带电合接地开关，避免了误操作的可能性。

需要注意的是，开关操作都需要在所有隔室门关闭的状态下进行。

3.1.1 三工位开关操作

如果开关操作为手动操作，按以下方式进行：

当操作条件具备时，打开操作孔的保护盖板，可以通过该操作孔，使用专用工具（操作手柄），操作隔离开关或接地开关。只有在断路器/负荷开关处于分闸状态下才能进行手动操作。仅在隔离开关处于分闸位置时，才能进行接地开关操作。接地开关处于分闸位置时，才能进行隔离开关操作。

对于三工位开关装于母线侧时，接地开关只能预接地，通过断路器/负荷开关实现接地关合，断路器/负荷开关的分闸脱扣与柜门有连锁，以便防止柜门打开时误触发断路器/负荷开关分闸而导致接地回路断开。为防止产生误操作，操动机构配有机械或电气闭锁，且柜间也有作为选项的电气闭锁。

3.1.2 断路器/负荷开关操动机构控制

断路器/负荷开关操动机构面板带有机械“合闸（on）”与“分闸（off）”按钮、储能弹簧的手动储能手柄插孔、断路器/负荷开关分合位置机械指示器、弹簧储能状态指示器、操动计数器和断路器/负荷开关铭牌。

具体操作时：

（1）在对断路器/负荷开关进行操作前，应先观察断路器/负荷开关分合位置指示器显示的当前状态以及三工位开关的位置状态，然后按照正确的操作顺序进行操作。

（2）断路器/负荷开关可实现电动或手动合分闸操作。在辅助电压失效的情况下，可以通过手动操作分闸，只有在弹簧储能机构完成储能后，才能进行手动合闸。弹簧储能机构的状态由机械指示器显示。

（3）要完成手动储能，需要将手动储能手柄插入并操作至储能状态指示器显示“已储能”。

3.1.3 停、送电操作程序

（1）三工位开关在母线侧。

1）停电操作程序：分断路器/负荷开关→分隔离开关→合接地开关→合断路器/负荷开关→打开下门。

2）送电操作程序：关闭下门→分断路器/负荷开关→分接地开关→合隔离开关→合断路器/负荷开关。

（2）三工位开关在线路侧。

1）停电操作程序：分断路器/负荷开关→分隔离开关→合接地开关→打开下门。

2）送电操作程序：关闭下门→分接地开关→合隔离开关→合断路器/负荷开关。

3.2 防误和联锁

3.2.1 三工位开关在母线侧

在断路器/负荷开关、三工位开关和电缆室门之间设有可靠的机械联锁，保证现场操作顺序的正确性，具体描述如下：

（1）断路器/负荷开关处于合闸位，隔离开关和接地开关均不可操作。

（2）断路器/负荷开关处于分闸位，隔离开关处于合闸位时接地开关不可操作，接地开关处于合闸位时隔离开关不可操作。

（3）断路器/负荷开关处于分闸位，隔离开关处于分闸位时接地开关可以操作，接地开关处于分闸位时隔离开关可以操作。

（4）断路器/负荷开关处于合闸位，接地开关处于合闸位时电缆室门可以打开，接地开关处于分闸位时电缆室门无法打开。

（5）断路器/负荷开关处于分闸位，电缆室门不可打开。

（6）电缆室门打开，断路器/负荷开关不可操作，接地开关不可操作。

（7）电缆室门关闭，断路器/负荷开关可以操作。

3.2.2 三工位开关在线路侧

在断路器/负荷开关、三工位开关和电缆室门之间设有可靠的机械联锁，保证现场操作顺序的正确性，具体描述如下：

（1）断路器/负荷开关处于分闸位置，隔离开关处于分闸位置，确认线路侧无压，接地开关可以操作。

（2）断路器/负荷开关处于分闸位置，接地开关处于分闸位置，隔离开关可以操作。

（3）断路器/负荷开关处于分闸位置，隔离开关处于合闸位置，接地开关不可操作。

（4）断路器/负荷开关处于合闸位置，接地开关处于合闸位置，隔离开关不可操作。

（5）断路器/负荷开关处于合闸位置，隔离开关不可操作。

（6）接地开关合闸，电缆室门可以打开；接地开关分闸，电缆室门无法打开。

（7）电缆室门关闭，接地开关可正常操作；电缆室门打开，接地开关无法操作。

3.2.3 三工位开关操作时，防止断路器/负荷开关误操作

（1）三工位开关手动操作时，防止断路器/负荷开关机构储能：在三工位开关手动操作时，将操作手柄插入操作孔，此时，断路器/负荷开关机构储能孔被遮挡

切断储能电气回路，则断路器/负荷开关机构储能操作手柄不能插入储能孔，断路器/负荷开关机构无法储能，防止误操作储能断路器/负荷开关。只有当三工位开关操作手柄拔出的状态下，断路器/负荷开关手动储能孔才能露出供手动储能操作，且电气储能回路接通，断路器/负荷开关机构可以电动储能。

（2）手动储能操作断路器/负荷开关时，防止电动储能操作：当断路器/负荷开关的手动储能手柄插入储能操作孔后，储能电气回路被切断，闭锁电动储能操作，保证操作者人身安全。

（3）三工位开关手动操作时，防止断路器/负荷开关合闸：在三工位开关手动操作时，将操作手柄插入操作孔，此时，合闸联锁的连接片被压下，限制住断路器/负荷开关合闸按钮动作，且切断断路器/负荷开关电气合闸回路，防止三工位开关动作时，断路器/负荷开关机构误动作合闸。只有在三工位开关操作手柄拔出的状态下，断路器/负荷开关才能手动/电动合闸。

3.2.4 断路器/负荷开关合闸时防止三工位开关误操作

（1）在断路器分闸状态时，三工位开关操作未闭锁，三工位开关可以正常手动或电动动作。

（2）在断路器合闸状态时，三工位开关操作被闭锁，三工位开关不可以正常动作，防止三工位误操作。

3.2.5 下门联锁

柜体下门内为电缆室，电缆室打开与关闭必须解锁下门联锁。解开下门联锁步骤如下：

（1）三工位开关在母线侧：当三工位处于接地位置，操作断路器/负荷开关合闸，下门联锁自动解锁，可打开下门进入电缆室进行操作。

（2）三工位开关在出线侧：操作断路器/负荷开关分闸，当三工位处于接地位置，下门联锁自动解锁，可打开下门进入电缆室进行操作。

3.3 接　　地

（1）开关柜外壳的框架上设有接地端子，该端子用直径不小于 12mm 的螺栓来连接接地导体。接地连接点应该标以规定的“保护接地”符号。

（2）沿开关柜排列的方向设置一铜质接地导体将开关柜各进出线电缆隔室相互连接。在接地故障条件下，接地导体中的电流密度不超过150A/mm^2，且其截面不得小于160mm^2。

（3）装于柜内的一次主元件的接地部分与主接地导体可靠连接。

（4）从金属隔板或外壳的金属件到规定接地点通过30A（DC）时，电压降应不超过3V。

开关柜篇

4 结构和技术参数

4.1 概 述

环保气体绝缘金属封闭开关设备，简称环保 C-GIS（C 为英文 Cubic “柜式”的缩写），将灭弧室、隔离开关、接地开关等高电压元器件封装于密闭容器内，并充入微正压的环保绝缘气体，从而成为一种小体积且不受外界气候环境不良影响的开关设备。环保气体绝缘金属封闭开关装置具有在高湿度、严重污秽及高海拔等恶劣环境下可靠运行且多年无须维修等特点，使用面相当广泛。中压环保气体绝缘金属封闭开关设备通常是指采用环保气体绝缘、真空灭弧室灭弧的开关设备。

4.2 基 本 结 构

中压环保气体绝缘金属封闭开关设备通常分为两种结构：单气箱结构和双气箱结构。单气箱结构即所有三相带电体均密闭在一个金属容器内，如图 4－1～图 4－3 的结构。单气箱结构通常用于额定电压小于等于 24kV 的环保 C-GIS 结构。

双气箱结构一般将主母线和三工位开关密闭在一个金属容器内，将断路器密闭在另一个金属容器内，如 ABB 的 ZX2 AirPlus（图 4－4）。双气箱结构通常用于额定电压大于等于 24kV 的环保 C-GIS 结构。

（1）充气隔室。采用单气箱设计的环保 C-GIS 只有一个充气隔室，一般位于柜体中部，如图 4－1～图 4－3 所示。隔室由主母线、三工位开关、真空灭弧室、母线连接套管和/或电流互感器等高压元器件装配而成。单气箱设计的环保 C-GIS 的运行连续性为 LSC2 级。

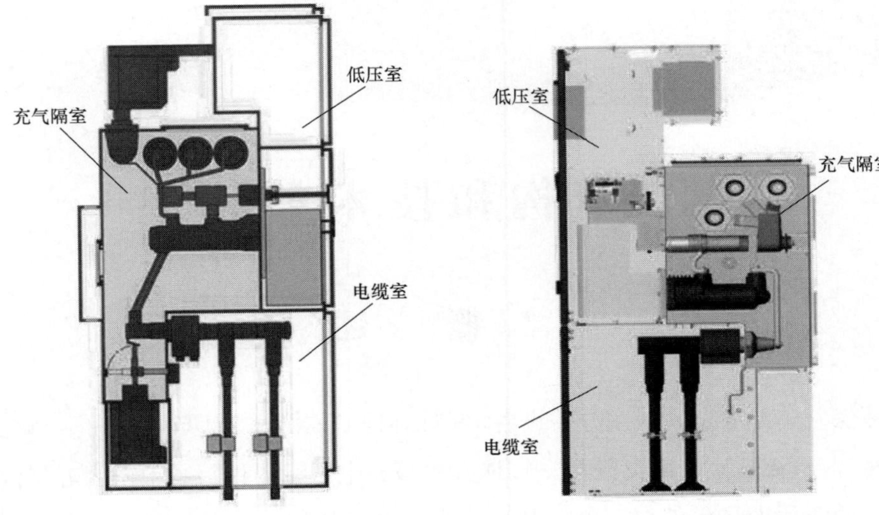

图 4－1　单气箱结构实例 1　　图 4－2　单气箱结构实例 2

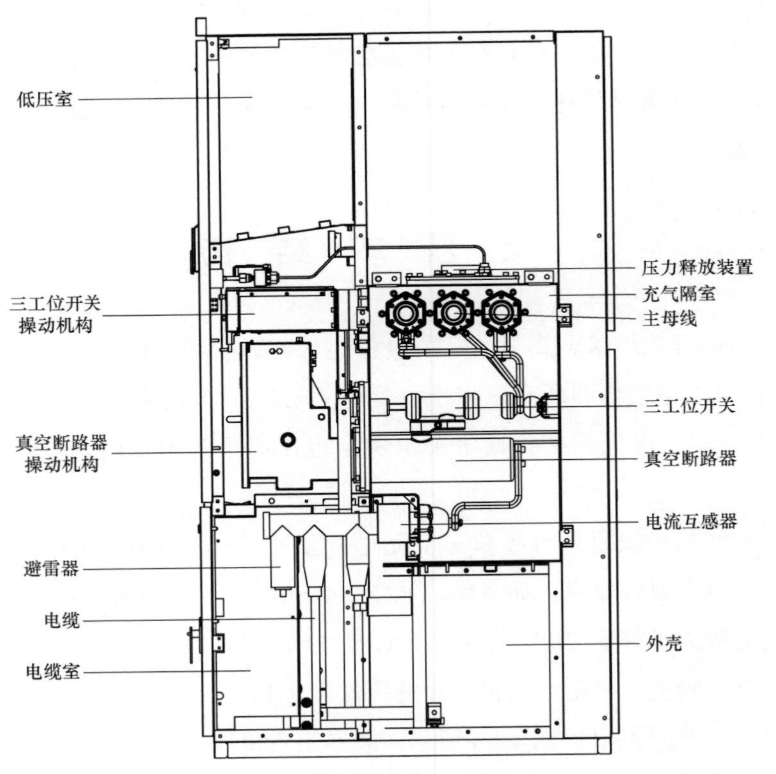

图 4－3　单气箱结构实例 3

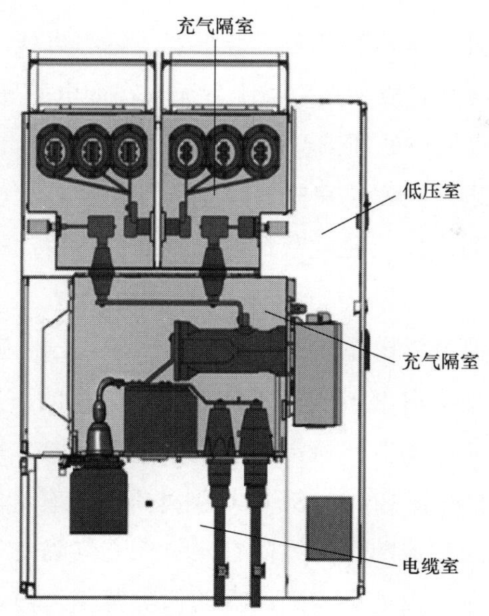

图 4-4 双气箱单母线结构实例 1

采用双气箱设计的环保型 C-GIS 一般具有两个充气隔室：断路器隔室和母线隔室。断路器隔室位于柜体的中部，如图 4-4 所示。由真空灭弧室、电缆连接套管和/或电流互感器等高压元器件装配而成。母线隔室位于柜体的上部或下部，由主母线、三工位开关、母线连接套管等装配而成。双气箱设计的环保 C-GIS 的运行连续性为 LSC2A 级。

充气隔室为不可触及的高压隔室，未经制造厂同意，严禁打开充气隔室。

充气隔室内的环氧件（如电缆插座，母线插座等）一般采用 O 形密封圈密封形式，其选用的材料具有耐油、耐老化、耐腐蚀、耐高温等特点。断路器真空灭弧室安装于充气隔室内，操动机构安装于充气隔室外部，两者通过断路器拉杆形成密封结构。两相邻的柜间充气间隔在母线拼接时，是将充气隔室上已气密安装完成的母线插座通过插入连接的柜间铜导体相联通，然后插入绝缘硅橡胶套管形成柜间穿墙套管，使主母线与接地的金属外壳形成对地的主绝缘，可直接通过原开关站的柜体进行母线扩展连接。

带有高压熔断器的电压互感器一般为金属铠装插入式结构，可直接从气室外部插接在充气隔室内已气密安装完成的内锥套管上，也可设计为二工位开关将电压互感器退出主回路以更换高压熔丝或实施高压试验。

因此，无论是单气箱结构或双气箱结构的充气隔室，当进行柜间主母线连接、扩展或在主回路插接电压互感器、避雷器、绝缘母线、电缆等装置时，由于充气隔室已在工厂装配完成，正常情况下无须在变电站安装现场进行抽真空、检漏、测量气体湿度等气体处理工作。

电流互感器一般设计为安装在充气隔室外部的穿芯式电流互感器，也可以设计安装在充气隔室的内部，通过密封的二次插件将二次电路引出密封箱体与控制回路连接。

（2）电缆室。电缆室为电缆的连接隔室，属于高压隔室之一，需具备内部电弧耐受能力。环保 C-GIS 的电缆室布置于充气隔室的下方。主接地母线、高压电缆及电缆侧的电流互感器、避雷器等位于电缆室内。采用单气箱设计的环保 C-GIS 一般采用符合欧标 EN 50181 的 C 型外锥电缆套管配合 T 型电缆附件制作和安装电缆。电流互感器的保护线圈宜安装在充气隔室外电缆连接点与断路器之间，以保证电缆连接点处于本断路器的保护范围之内。采用双气箱设计的环保 C-GIS 一般采用符合欧标 EN 50181 的内锥套管配合直插型电缆附件制作和电缆安装。电缆连接点的高度一般不低于 650mm，在实现小型化的同时可方便维护操作。

（3）低压室。断路器操动机构，三工位开关操动机构，压力传感器以及综合保护控制单元主机均位于充气隔室外部的低压室中，可进行就地和远方的相关分合闸操作。

（4）压力释放装置。根据开关柜的布局及柜内空间设计结构，环保气体绝缘开关设备在柜体的适当位置布置了专用的压力释放通道，并在气箱上设有压力释放装置，当充气隔室发生内部燃弧故障时，可以通过压力释放通道迅速释放燃弧压力，从而确保运行维护人员的安全，也将对设备的损伤降到最低程度。

4.3 技 术 参 数

4.3.1 12kV 环保气体开关柜主要技术参数

12kV 环保气体开关柜主要技术参数见表 4－1。

表 4-1　　12kV 环保气体开关柜主要技术参数

序号	项目名称		单位	参数值		
1	额定电压		kV	12		
2	额定频率		Hz	50		
3	额定电流		A	1250	2500	3150
4	额定短时工频耐受电压（1min，有效值）（1）	相间及对地	kV	42		
		真空断口/ 隔离断口		48		
5	额定雷电冲击耐受电压（峰值）（1）	相间及对地	kV	75		
		真空断口/ 隔离断口		85		
6	局部放电量		pC	≤20		
7	额定短路开断电流		kA	31.5	40	
8	额定短路关合电流（峰值）		kA	80	100	
9	额定短时耐受电流		kA/s	31.5/3	40/3	
10	额定峰值耐受电流		kA	80	100	
11	额定电缆充电开断电流		A	25	25	
12	额定操作顺序		O-0.3s-CO-180s-CO			
13	绝缘气体		N_2，干燥空气等环保气体			
14	额定充气压力（rel，20℃）		MPa	≤0.04		
15	年漏气率		%/年	≤0.1		
16	气体含水率（出厂时）		μL/L	≤500		
17	防护等级	气箱		IP65		
		柜体		IP4X		
18	辅助回路的额定电压		V	DC 110，220，AC 220		
19	辅助回路额定 1min 工频耐压		V	2000		

4.3.2　40.5kV 环保气体开关柜主要技术参数

40.5kV 环保气体开关柜主要技术参数见表 4-2。

表 4-2　　40.5kV 环保气体开关柜技术参数

序号	项目名称	单位	参数值	
1	额定电压	kV	40.5	
2	额定频率	Hz	50	
3	额定电流	A	1250	2500

续表

序号	项目名称		单位	参数值
4	额定短时工频耐受电压（1min，零表压）	相间及对地	kV	95
		真空断口/隔离断口		95/118
5	额定雷电冲击耐受电压（峰值，零表压）	相间及对地	kV	185
		真空断口/隔离断口		185/215
6	局部放电量		pC	≤20
7	额定短路开断电流		kA	31.5
8	额定短路关合电流（峰值）		kA	80
9	额定短时耐受电流		kA/s	31.5/3
10	额定峰值耐受电流		kA	80
11	额定电缆充电开断电流		A	50
12	额定操作顺序			O－0.3s－CO－180s－CO
13	绝缘气体		N_2，干燥空气等环保气体	
14	额定充气压力（rel，20℃）		MPa	≤0.04
15	年漏气率		%/年	≤0.1
16	气体含水率（出厂时）		μL/L	≤500
17	防护等级	气箱		IP65
		柜体		IP4X
18	辅助回路的额定电压		V	DC 110/220，AC 220
19	辅助回路额定 1min 工频耐压		V	2000

4.4 高海拔环境条件对环保气体开关柜性能的影响

高海拔环境条件对开关柜产生的主要影响为：① 空气压力或空气密度降低；② 空气温度降低及温度变化（包括日温差）增大；③ 空气绝对湿度减小；④ 太阳辐射照度，包括紫外线辐射照度增加。环保气体开关柜一般在室内安装，通常考虑前三种环境条件的影响。

环保气体开关柜属于内绝缘结构，按照 GB 11022—2011 中 6.2.2 规定："对于只有内绝缘的开关设备和控制设备，周围的大气条件不产生影响，不应该使用修正系数 k_t。"，因此无需对环保 C-GIS 的绝缘耐压试验进行海拔高度修正。

由于空气压力或空气密度的降低使空气介质灭弧的开关电器灭弧性能降低、通断能力下降和电寿命缩短，直流电弧的燃弧时间随海拔升高或气压降低而延长，直流与交流电弧的飞弧距离随海拔升高或气压降低而增加。所以环保气体开关柜采用的低压元件通常应选用合适的高海拔产品并试验验证。

由于空气压力或空气密度的降低引起散热能力的下降、温升增加，所以环保气体开关设备要进行高海拔条件下的温升试验验证。

高海拔环境条件下使用的环保 C-GIS 应采取如下的应对措施：

（1）加强充气隔室的压力耐受能力。环保气体绝缘开关设备在制造、运输、投运过程中，由于海拔的升高和环境温度的变化，会带来气箱内外压力差的增大，容易引起气箱变形，从而导致漏气的发生。例如，当充气隔室在海平面（绝对压力 1013mbar）及环境温度+20℃条件下充有绝对压力 1200mbar（相对压力 0.02MPa）的微正压时，海拔 5000m 处环境温度+20℃及允许温升 65K 条件下充气隔室所承受的相对压差达到 927mbar，接近一个大气压，因此高海拔设备需要充气隔室的箱体特殊加强，以承受 2127（=1200+927）mbar 会造成变形的绝对压力，保证开关设备正常运行。

（2）内绝缘不考虑绝缘海拔修正。中压气体绝缘开关柜采用微正压的气体作为绝缘介质，以真空灭弧室作为开断电流的设备，以内绝缘的方式解决高电压设备在空气密度低的环境下外绝缘易闪络的缺陷。充气开关柜在高原使用的外形尺寸与低海拔一致，减小了高原产品的采购成本。

（3）高海拔地区气体泄漏的处理方式。环保气体开关设备在高原使用泄漏到运行现场大气压力时，由于高原环境外部空气密度的降低引起的绝缘强度降低，一般不具备运行现场的零表压绝缘能力，必须验证泄漏到零表压时环保气体开关柜的绝缘性能。例如，海拔 5000m 时外部大气理论上绝对压力只有 539mbar，接近海平面大气压力的 1/2。因此当高海拔环保 C-GIS 发生泄漏时，应立即发出报警信号，尽快进行补气处理。

5 功 能 特 性

5.1 基 本 操 作

环保气体绝缘金属封闭开关设备在结构设计上继承了经过实际运行验证的成熟技术和方案。其基本操作与现有 SF_6 气体绝缘金属封闭开关设备基本一致。

开关柜中最重要的动作元件是断路器和三工位开关。

三工位开关的机械结构明确地定义了三个工作位置："合闸""隔离"和"接地预备"。这种开关将隔离开关和接地开关两者功能整合为一体，在实现合闸、隔离、接地功能的同时，减少了元器件的数量，降低了制造成本，同时提高了可靠性。三工位开关具有天然的机械闭锁性能，防止主回路带电合接接地开关，避免了误操作的可能性。

对三工位开关，一般有两种操作方式可以选择：手动操动机构和电动操动机构。需要注意的是，除了紧急手动操作，其他开关操作都需要在低压室门关闭的状态下进行。

5.1.1 三工位开关的操作

一般情况下，所有的开关设备都通过以下的方式进行操作：

（1）综合保护控制单元。

（2）采用传统的"合闸（on）"和"分闸（off）"按钮。即意味着断路器和三工位开关的合、分闸都可以通过"合闸（on）"和"分闸（off）"按钮进行操作。开关设备的状态位置由 LED 灯或其他可选择添加的电气—机械棒状指示器实现。

需要注意的是，对运行电流的接通与隔离及接地操作都只能由断路器完成，为防止产生误操作，操动机构配有机械或电气闭锁，且柜间也有作为选项的电气闭锁。

在辅助电压、断路器的储能电机、三工位开关或其驱动电机失效的情况下，就需要采用紧急手动操作。

5.1.2 三工位开关的手动操作

使用专用工具操作三工位紧急手动操作孔，采用手动方式操作隔离开关或接地开关。手动操作的前提是只有在断路器处于分闸状态下才能实现。仅在隔离开关分开时，才能选择进行接地开关操作。仅在接地开关分开时，才能选择进行隔离开关操作。

5.1.3 断路器操动机构的控制

断路器操动机构的前部带有机械“合闸（on)”与“分闸（off)”按钮、储能弹簧的手动储能手柄插座、断路器分合位置机械指示器、弹簧储能状态指示器、操作计数器和断路器铭牌。

具体操作时：

（1）在对断路器进行操作前，先观察断路器分合位置指示器显示的当前状态以及三工位开关的位置状态。首先要满足操作条件，否则在防误连锁的作用下，断路器是无法操作的。

（2）需要改变断路器的分合闸状态时，按下机械分闸按钮或机械合闸按钮。在辅助电压失效的情况下，随时可以通过按下分闸按钮使断路器得以分闸。只有在弹簧储能机构完成储能后，才能按下合闸按钮将断路器合闸。弹簧储能机构的状态由机械指示器显示。

（3）在辅助电压或储能弹簧的储能马达失效的情况下，可以通过手动方式完成储能。

（4）要完成手动储能，需要将手动储能手柄插入插座并连续操作约 25 次直至储能状态指示器显示已储能。当储能完成后，储能机构将无法继续储能，同时手动储能操作手柄也将无法继续操作。

5.1.4 防误和联锁

为防止误操作，环保气体开关设备需要具备一系列完善的联锁功能，即：

（1）当断路器处于合闸状态时，三工位开关不能操作。

（2）当三工位机构的接地开关处于合闸位置且断路器也处于合闸位置时，断路器不能分闸（电缆室门开启状态）。

（3）当三工位机构的手动操作口挡板处于开启状态时，断路器不能合闸。

（4）当合闸命令及分闸命令同时作用于主开关时，合闸命令被闭锁。

（5）当开关柜无设计断路器时，其三工位机构的手动操作挡板只有在开关柜无负荷时才能打开，即须具有闭锁电磁铁或配有挂锁。

（6）当开关柜具有双母线时，不仅断路器与三工位机构之间的操作须符合上述联锁关系，并且其两个三工位机构之间须具有互锁关系。

（7）三工位机构的三个状态（连接、隔离、接地）的关系是各自独立的，且共用一个动触头，因此，当隔离开关合闸时，接地开关是无法合闸的。

（8）开关柜某气室环保绝缘气体压力降至低压报警压力值时，发出报警信号。

（9）在保护装置上操作时，所有的操作须符合上述联锁关系。

5.2 接　　地

5.2.1 概述

环保气体绝缘金属封闭开关设备的接地过程是通过断路器与三工位开关配合来实现主回路的接地。首先是通过断路器切断带负荷的主回路，然后按顺序操作三工位开关和断路器实现电缆侧主回路的可靠接地。

这种方式具有 3 个主要优点：

（1）断路器具有比接地开关更优秀的短路关合能力。

（2）断路器具有更多的操作次数。

（3）真空开断不会造成环保绝缘气体品质的劣化，电寿命更长。

馈线柜接地和取消接地过程见图 5－1，馈线柜的合闸和隔离过程示意见图 5－2。

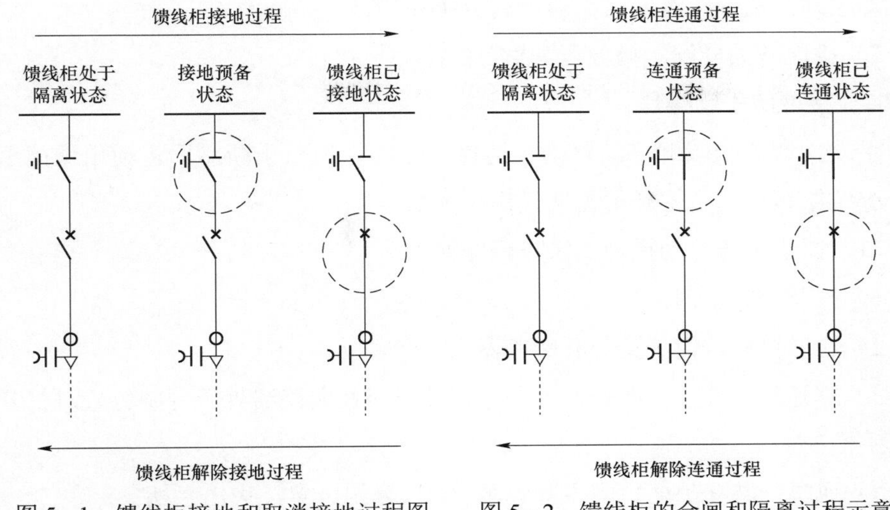

图 5－1 馈线柜接地和取消接地过程图　　图 5－2 馈线柜的合闸和隔离过程示意

5.2.2 馈线柜电缆（回路）的接地

5.2.2.1 接地的电动操作

可通过控制和保护单元或柜门上的按钮进行接地开关的电动操作。

（1）馈线电缆电动接地的操作顺序如下：

1）断路器分；

2）隔离开关分；

3）接地开关合；

4）测试回路掉电情况（通过带电显示器二次验电的方法）；

5）断路器二次合闸；

6）将控制回路低压空气断路器分闸，使开关柜不能进行电气操作；

7）锁住低压室门或锁住真空断路器操动机构的分闸按钮；

8）将此柜标注记号，指示该开关柜已经接地。

（2）馈线电缆电动解除接地的操作顺序如下：

1）打开低压室门；

2）将控制回路低压空气断路器合闸；

3）解除断路器分闸按钮的闭锁（如有）；

4）断路器分闸（注意：如用户要求接地解除不能电动时，断路器要手动分闸；即接地开关合闸时，断路器电动分闸被闭锁）；

5）接地开关分闸，摘除开关柜已经接地标记。

5.2.2.2 接地的手动操作

手动接地的步骤顺序与电动接地操作相同，但对于断路器需使用储能手柄和合分按钮，而三工位开关需插入操作手柄操作。

（1）馈线电缆手动接地的操作顺序如下：

1）打开控制室门；

2）通过机械按钮手动分开断路器；

3）打开三工位开关的操作孔（操作孔只能在断路器处于分闸位置时打开），插入手柄；

4）逆时针转动手柄，隔离开关至“O”分闸位置，拔出手柄；

5）打开三工位开关的操作孔活页（活页只能在断路器处于分闸位置时打开），插入手柄；

6）逆时针转动手柄，合闸接地开关至“I”位置；

7）当旋转到位时拔出手柄，此时操作孔挡板将自动复位遮挡住操作孔；

8）测试回路掉电情况（通过带电显示器二次验电）；

9）通过断路器操动机构上的机械按钮手动合断路器；

10）分低压室内控制回路的低压空气断路器；

11）锁住低压室门或/和断路器的分闸按钮（如有）；

12）将此柜标注记号，指示该开关柜已经接地。

（2）馈线电缆手动解除接地的操作顺序如下：

1）打开低压室门并合上低压断路器，解除断路器分闸按钮的闭锁（如有）；

2）按动“O”分闸按钮手动分断路器；

3）打开三工位开关操作孔活页，插入操作手柄；

4）沿指示方向转动手柄分闸接地开关；摘除开关柜已经接地标记。

5.2.3 环保 C-GIS 主母线的接地

主母线或母线段的接地步骤取决于系统结构。有母线分段柜的系统允许母线分段接地。用户应根据系统结构和开关柜配置确定接地方案。以下主母线接地方式仅供用户参考采用。

（1）利用母线接地柜进行母线段接地：

1）母线接地柜可以由任一进/馈线柜在开关柜运行现场改装而成；

2）母线接地柜也可以由进/馈线柜在制造厂改装成接地专用柜，在运行现场与其他开关柜主母线相连使用；

3）母线接地柜还可以由内装具有短路关合能力的接地开关的专用气箱构成，在运行现场与其他开关柜母线相连使用，见图5－3。

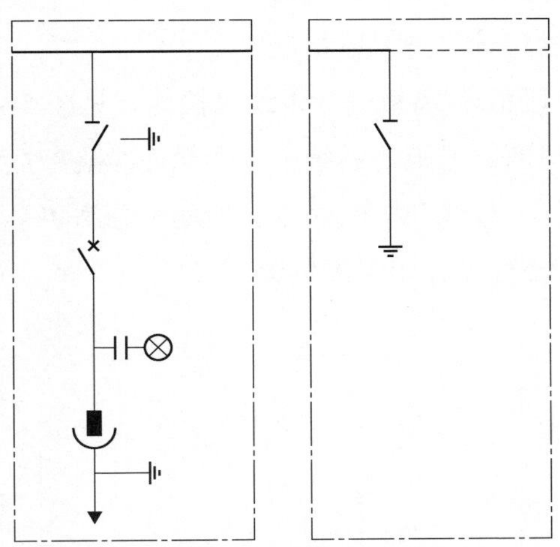

图5－3　利用母线接地柜进行母线极接地

（2）母线接地柜由进/馈线柜改装的方法：

1）在断路器出线端主回路空余的内锥式插座上，用专用接地插头将三相内锥式插座可靠短路并接地；

2）母线接地柜通常为手动操作，不配电动操作；

3）开关柜主母线接地的条件：所有主母线上的三工位开关都处于隔离或接地位置。

（3）母线接地柜的操作顺序（由进/出线柜改装）：

1）打开低压室门并分控制回路的低压；

2）空气断路器（如有）；

3）三工位开关手动合闸；

4）断路器手动合闸（主母线已接地）；

5）锁住低压室门；

6）将此母线段标注，指示其已接地；

7）解除接地的操作顺序与上述相反。

（4）母线接地柜的操作顺序（由接地开关构成）：

1）打开低压室门；

2）用操作手柄合接地开关；

3）锁住低压室门；

4）将此母线段标注，指示其已接地；

5）解除接地的操作顺序与上述相反。

（5）利用母线分段柜/隔离柜进行母线段接地（见图5－4）：

1）具有母线分段断路器柜的系统主母线允许经隔离柜连接接地；

2）作为必要条件，母线分段断路器必须处于分闸状态，所有准备接地的母线段上的三工位开关都处于分闸隔离位置。

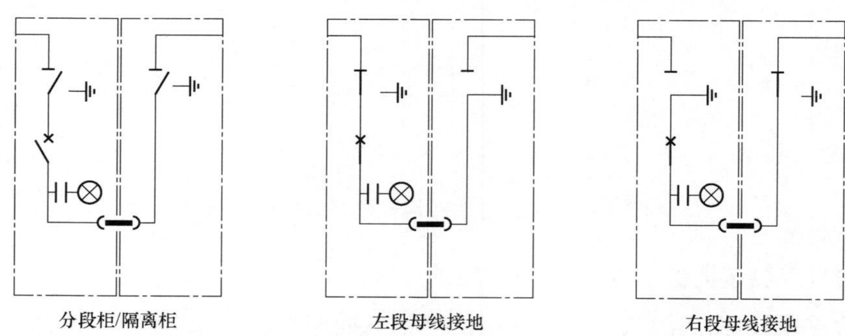

图5－4　主母线经隔离柜或分段断路器柜接地

（6）接地操作的顺序：

1）母线分段柜断路器分闸；

2）除此段母线与分段断路器间的隔离开关外，分开此段母线上所有的三工位开关；

3）根据要接地的母线段，选择合分段柜或隔离柜的接地开关（见图5－5）；

4）分段柜断路器合闸；

5）控制回路低压空气断路器分闸；

6）将此母线段标注，以指示其已接地；

7）解除接地的操作顺序与上述相反。

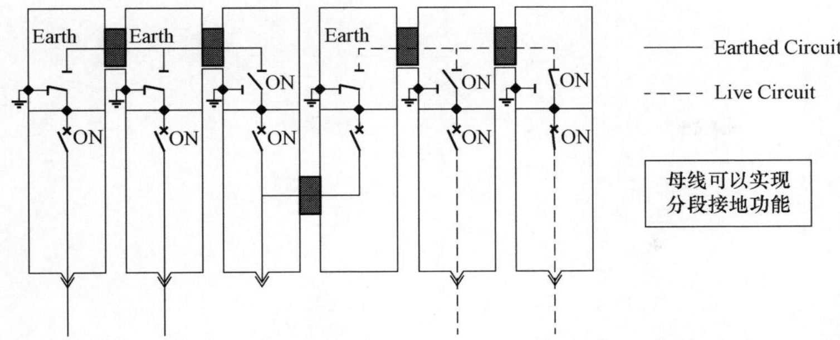

图 5-5 主母线经隔离柜或分段断路器柜接地图例

试验运维篇

6 试验、安装、调试

6.1 环保气体绝缘交流金属封闭开关设备安装与调试

6.1.1 包装的拆除

（1）环网柜的包装需要在安装现场进行拆除。

（2）所需要的工具：

1）用于拆除包装的切割刀。

2）用于拆除包装的撬棍。

（3）在进行搬运操作时，请戴上施工手套。

（4）拆掉包装后，废弃的材料如木箱、塑料罩等应分门别类，进行回收再循环流程处理。

6.1.2 安装前检查和就位

环网柜开箱后，首先检查产品的铭牌、合格证等是否与订货单相符，装箱清单是否与实物相符，若完好无误，则清除产品表面灰尘，进行产品安装就位。

（1）安装现场的要求。

要做到安装有序，保证高的产品质量，开关柜的现场安装需要经过特殊培训的有资质的人员进行指导和监督。为了按合适的安装顺序装载运输单元，运行单位需要向设备制造厂家提供以下信息：

1）安装开关设备的房屋草图，包括各开关柜的位置和数量，以及附件的储藏场所。

2）从公路到开关柜所在建筑的道路的草图及有关道路条件的信息（如草地、耕地、沙地、砾石地等）。

3）开关柜所在建筑内部的运输通道草图，包括门和其他狭窄处的位置和尺寸，以及安装开关设备的房屋所在的楼层。

4）有关可用的升降设备（如吊车、叉车、起重车、液压千斤顶、滚子垫等）的信息。如果没有起重设备，请明确告知。

（2）在安装和配置开关柜时要注意以下几点：

1）安装开关设备的房屋必须已经完工，并且是封闭、干燥的，安装有良好的通风设备。

2）至安装开关设备的房屋的运输道路要畅通。

3）分配中间储藏场地。

4）地板的结构和承重能力。

5）照明、取暖、电源和水源。

6）安装脚手架和地基轨道的尺寸。

7）必需的电源线和控制电缆的安置，如开口、输送管等必须准备齐全。

8）用于设备接地的接地系统。

（3）安装的准备工作。

1）润滑安装基础的上表面（有利于安装和排列单个开关单元）。

2）确认使用正确的元件和材料，如绝缘子、电缆插头、硅脂、清洁布等。

3）保证有资质的人员完成母线、电压互感器和电力电缆等的高压连接工作。

6.1.3　充气柜母线连接器的安装和拼柜

（1）侧扩。图 6－1 为充气柜柜体安装侧视图，图 6－2 为充气柜拼柜示意图。拼柜步骤如下：

1）将需要固定的首台柜安放在安装基础上，调整到正确的位置并固定在基础上，从首台柜的母线套管上拆下防护盖，见图 6－3。

2）将待与首台柜连接的并列柜安放到距首台柜较近位置，使它们能够校直，同样从母线套管上拆下防护盖。

3）用蘸有清洁剂的无纺纸清洁所有内锥套管的内表面。

4）用蘸有清洁剂的无纺纸清洁母线联接器中的导体，见图 6－4。待酒精完全挥发后，安装好首台柜一侧的弹簧触子并涂上导电润滑脂，将导体插入首台柜的内锥套管中；用蘸有清洁剂的无纺纸清洁硅橡胶绝缘套管，酒精完全挥发后，在母线连接器硅橡胶绝缘套管锥面上薄薄地涂上一层硅橡胶专用润滑脂，然后将硅橡胶绝缘套管插入基础柜的内锥套管中。安装好另一侧的弹簧触指并涂上导电润滑脂。

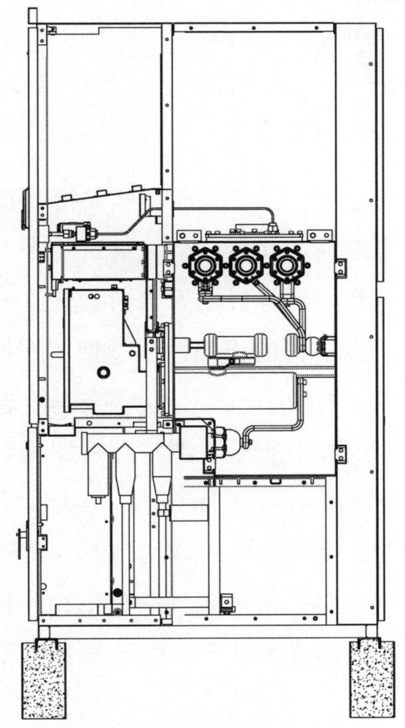

图6–1 柜体结构侧视图

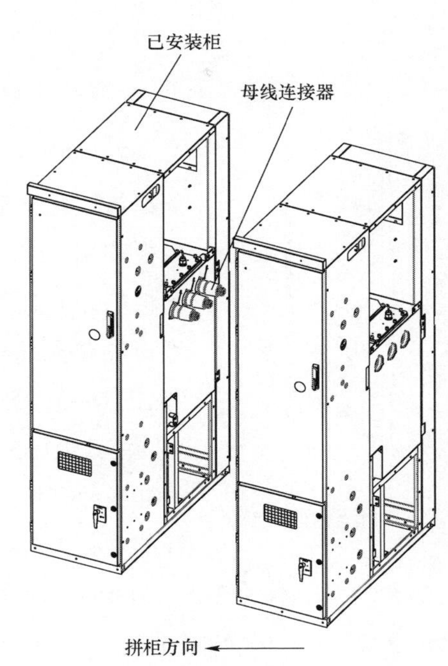

图6–2 拼柜示意图

图6–3 母线套管防护盖拆卸示意

5）在这些操作过程中，操作者的手应戴上橡胶手套，始终保持清洁。

6）将母线连接器硅橡胶绝缘套管的中部黑色半导体凹槽里安装的接地弹簧与气箱上的接地螺栓连接。

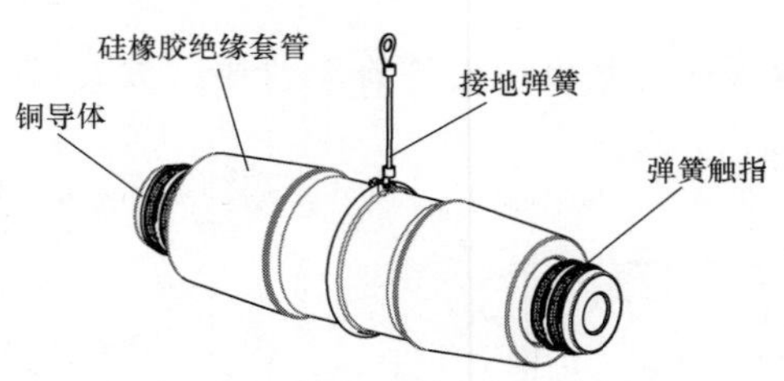

图 6–4　侧扩母线连接器接地弹簧示意

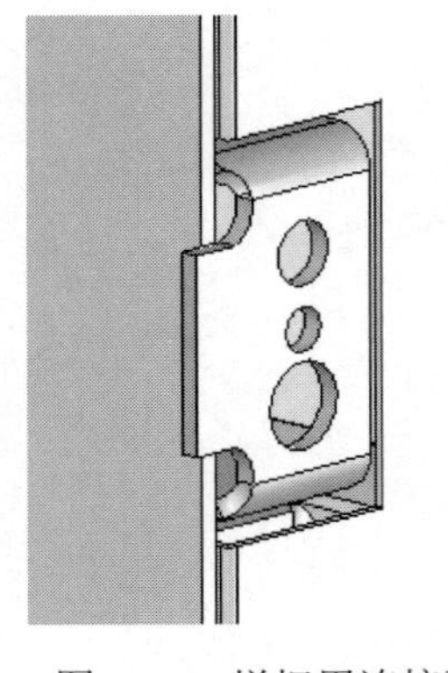

图 6–5　拼柜用连接孔

7）向准备连接的首台柜的方向推动开关柜，在并列柜内锥套管中放入电缆排气带，在接近的过程中，两台柜的相对位置不断缩小，当首台柜的导向装置进入并列柜的导向装置时，检查位置的正确性后，使用螺栓、螺母和垫圈将两个柜的拼柜用连接孔用螺栓连接起来（见图 6–5）。注意推的过程中应不断调整两柜的相对位置，使其上下左右位置偏差不超过 2mm，并尽力将下垂的硅橡胶套用绳索抬起，保证硅橡胶套均匀滑入移动靠拢的并列柜的拼接母线套管孔内，直到两柜平稳连接。

注意，本条款是环保 C-GIS 的故障易发生点，严重时会发生母线套管连接处绝缘击穿，应引起特别重视！

8）柜体对齐和并拢后，套上连接螺栓、螺母和垫圈，并以对角线方式逐步锁紧以使两柜气箱位置互相对齐，在确认位置正确后，均匀地拧紧连接螺栓，使气箱的连接弯板并紧。

注意：连接弯板的紧固十分重要，会影响连接母线的绝缘性能！完成母线插接连接后，应静置 8h 以上方可进行有关耐压试验。

9）固定柜体其他螺栓，拧紧并柜螺栓，连接柜间接地母线。

10）以同样程序逐个安装其他柜。

11）安装并紧固并列两柜的其他拼柜螺栓，连接柜间的接地母线。

注意：柜内任何污染都会引起设备的功能异常，必须注意防护。

（2）顶部扩展。顶部扩展如图 6–6 所示，采用顶部绝缘母线实现柜子的母线从一台扩展到另一台。顶部扩展首先要保证地平，要求基础每水平米长度地高低误差 2mm 以内，如果地基不平整，需要找平、垫平。

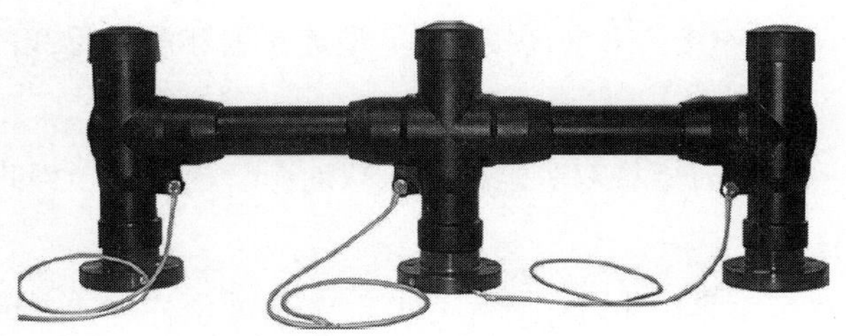

图 6－6　顶扩方式示意图

其次，进行柜间定距，柜体上部装配定距板，定距板不能变形；前下部装配定距片。顶部扩展方式部件如图 6－7 所示。

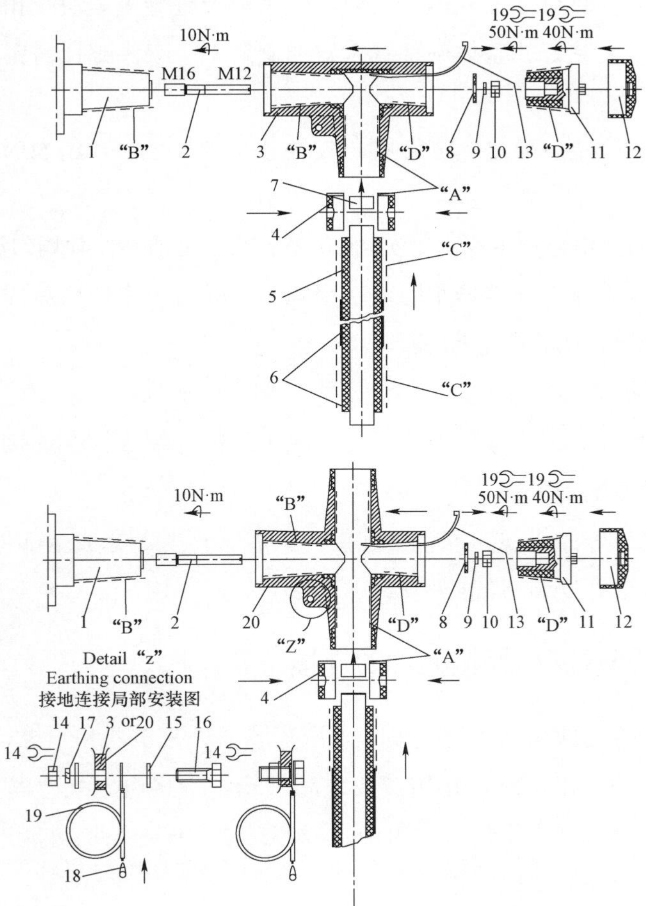

图 6－7　顶部扩展方式部件图

1—双通套管；2—双头螺栓；3—T 型连接器；4—导电模块；5—母线本体；6—母线屏蔽层；7—模块垫块；8—大平垫；9—弹垫；10—M12 螺母；11—绝缘头；12—后堵盖；13—扎带；14—M8 螺母；15—小平垫；16—M8 螺栓；17—弹垫；18—接地线耳；19—接地线；20—十字连接器

然后，进行母线连接。十字连接器、T 型连接器和屏蔽母线的安装，遵循以下安装步骤：

1）用 10N·m 的力矩将双头螺栓拧入双通套管内，直至停止。双头螺栓必须外露 80±mm。

2）用绝缘清洁巾将图中标示“A”“B”“C”部位仔细清洁，并均匀涂抹安装膏。

3）分别将两块导电模块合起轻轻划入连接器内（T 型连接器需加装模块垫块），需使空口中心对准双头螺栓中心。

4）按图示方向将母线插入连接器内，但不能超过导电模块空扣处。

5）将以上安装完好的整体部件置入双通套管上，双头螺栓需露出导电模块空口一段。

6）分别将大平垫、弹垫、M12 螺母安在双头螺栓上，并用 50N·m 力矩将其拧紧。

7）用绝缘清洁巾将图中标示“D”部位及扎带仔细清洁，并均匀涂抹安装膏。

8）将扎带分别置入连接器空腔内，用 40N·m 力矩将后堵盖拧紧在连接器内，后将扎带抽出，防止扎带断裂。

9）盖上后堵盖。

10）按图中局部“Z”接地方式，将地线可靠的一端连接在连接器上，另一端连接在开关设备地点上。

最后，将装配好的母线、连接器连接到扩展套管上，完成全部母线的扩展；将所有连接器接地并安装母线防护罩。

6.1.4 其他内锥式高压插接元件的连接

其他高压插接元件包括电力电缆、电压互感器、避雷器和绝缘堵头等。

通常，在开关柜出厂时已按用户要求和气箱结构将电压互感器、避雷器等安装完成，并用绝缘堵头将剩余的内锥式插座封堵，但现场仍可能进行安装。

（1）高压内锥插接式电缆连接。

内锥电缆终端头截面的选择，请参考内锥电缆终端头供应商的使用说明书，并由专业人员参考并遵循安装手册的要求进行内锥电缆终端头的制作及装配。

完成对应电缆终端头的制作及装配后，内锥电缆终端头的插接步骤如下：

1）将内锥式插座上的白色塑料堵盖拆下，用无纺布蘸干净无水酒精擦净所有内锥和外锥电缆套管的绝缘表面；并在锥面处均匀涂抹一层硅脂；确认电缆及电缆终端头，检查对应电压传感器的相序。

2）将电缆终端头穿过相应环型电流互感器（若有）。在安装过程中，内锥电缆终端插头的硅橡胶材料的表面应小心保护，防止安装过程中弄脏及刮伤表面。

3）用无纺布蘸干净无水酒精擦净电缆终端头表面，待酒精挥发后，参考电缆终端头安装手册均匀涂抹硅脂于电缆终端头表面（注意：不得有遗漏），将电缆终端头插入内锥式插座，均匀按对角线拧紧螺栓，力矩不得超过制造商安装使用说明书的规定，否则极易损坏内锥式环氧套管，造成充气柜泄漏。

4）排列好电缆，将电缆在自由不受外力的状态下用电缆夹固定，然后固定穿芯式电流互感器（如有）。

5）用绝缘堵头将空余的内锥式插座封闭。

6）将电缆接地线穿过穿芯式电流互感器（若有）后，连接至主接地铜排上。

注：完成插接连接后，应静置 8h 以上方可进行有关试验。

（2）电压互感器、避雷器和绝缘堵头的安装。

电压互感器、避雷器和绝缘堵头等的安装按上述（1）的内容进行。

注：完成插接连接后，应静置 8h 以上方可进行有关试验。

6.1.5 外锥式电缆头的安装

（1）外锥式单电缆的安装。

1）从充气柜前面打开电缆室盖板，使用酒精和无毛絮干抹布或无纺纸清洁外锥套管表面。

2）按照电气系统图设计要求选择正确截面电缆接线鼻及与外锥套管对应的欧式 T 型电缆终端头。

用核相仪检查各电缆相序的正确性。将需要安装的电缆套接穿芯式电流互感器（若有）。

3）参考制造厂使用说明书安装电缆终端头：用无纺布蘸干净无水酒精擦净电缆终端头内表面，待酒精挥发后，参考电缆终端头安装手册均匀涂抹硅脂于电缆终端头内表面和外锥套管表面（注意：不得有遗漏），依次将 3 只电缆终端头插入外锥套管，均匀拧紧螺栓，力矩不超过制造商安装使用说明书的规定，见图 6－8，然后依同样的方法安装堵头，最后盖上保护盖。

4）将高压电缆在自由不受力的状态下固定在充气柜电缆支架上，锁紧电缆抱箍。

5）将单电缆接地线及电缆终端头外屏蔽层的接地线穿过穿芯式电流互感器（若有）后，连接到电缆室内专用主接地铜排上。

6）安装故障指示器传感器及固定电缆型电流互感器。

7）备用电缆套管必须用绝缘保护帽封闭。

8）清理电缆室内的灰尘及杂物，并仔细检查全部紧固螺栓有无松动。

9）检查完毕无任何异常后，安装上电缆室盖板。

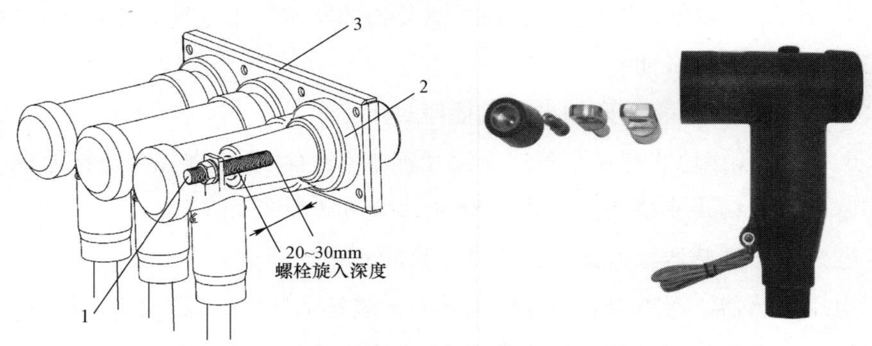

图 6－8　外锥式单电缆安装示意图

1—电缆接头固定螺栓；2—负荷套管；3—负荷套管下压板

（2）外锥式双电缆的安装（见图 6－9）。

1）从充气柜前面打开电缆室盖板，使用酒精和无毛絮的干抹布或无纺纸清洁外锥套管表面。

2）按照电气系统图设计要求选择正确截面的电缆接线鼻及与外锥套管对应的欧式 T 型电缆终端头。

用核相仪检查各电缆相序的正确性，将需要安装的电缆套接穿芯式电流互感器（若有）。

3）参考制造厂使用说明书安装电缆终端头：用无纺纸蘸干净无水酒精擦净电缆终端头前插头的内表面，待酒精挥发后，均匀涂抹硅脂于电缆终端头前插头的内表面和外锥套管表面（注意：不得有遗漏），依次将 3 只前插电缆终端头插入外锥套管，均匀拧紧螺栓，力矩不超过制造商安装使用说明书的规定，见图 6－8。

4）固定前插 T 型电缆终端头后，再依次用无纺纸蘸干净无水酒精擦净电缆终端头前插头的后锥面和后插电缆终端头的内表面，待酒精挥发后，在前插头的后锥面和后插头的内表面均匀涂抹硅脂，将后插电缆头插入前插电缆终端头后按照说明书锁紧后插头，然后依同样的方法安装后插头堵头，最后盖上保护盖，见图 6－9。

5）在高压电缆自由不受力的状态下依次将高压前后两根电缆固定在充气柜电缆支架上，锁紧双电缆抱箍。

6）将双电缆各自的电缆接地线以及电缆终端头外屏蔽层接地线穿过电流互感器（若有）后，接到电缆室内专用接地铜排上。

7）安装故障指示器传感器及固定电缆型电流互感器。

8）备用电缆套管必须用绝缘保护帽封闭。

9）清理电缆室内的灰尘及杂物，并仔细检查全部紧固螺栓有无松动。

10）检查完毕无任何异常后，安装上电缆室盖板。

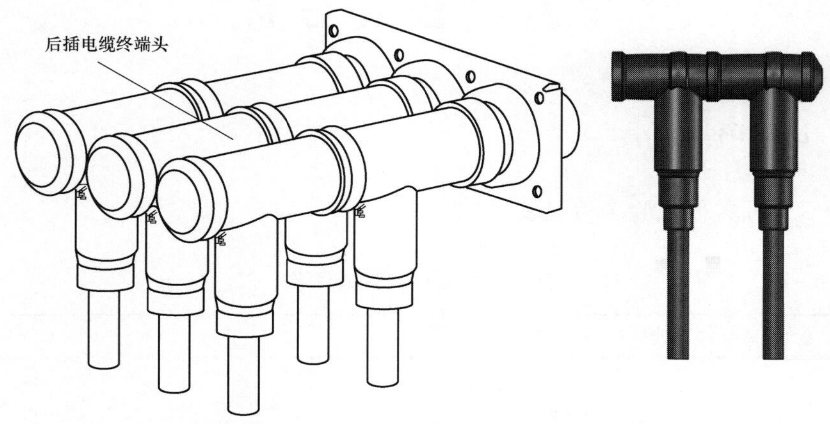

图 6－9 前后插双电缆终端头的安装示意

（3）后插式避雷器的安装。后插式避雷器的安装与后插电缆终端头的安装程序相同。

另外，除应将前插电缆头外屏蔽层和避雷器外表面屏蔽层的接地线分别同时连接到开关柜专用接地铜排上外，还应将 3 只避雷器的主接地端通过不小于 $30mm^2$ 的接地铜排连接在一起，并接至开关柜专用接地铜排上。

6.1.6　控制电缆和二次线

安装柜间的控制电缆和控制室到开关柜的控制电缆应该连接辅助电源的二次线（参照有关的订货原理图和建筑布局图）。

6.1.7　现场安装的收尾工作

（1）检查规格铭牌上的数据和终端设备的辅助电压要求。

（2）检查开关柜的固定情况是否良好。

（3）检查接地接头是否可靠连接。

（4）检查二次接线是否牢固。

（5）检查辅助电缆接头，按照电路图检查布线是否正确。

（6）检查高压电缆及电缆终端头屏蔽层是否可靠接地。

（7）封堵一、二次电缆出口。

（8）清洁开关柜的外表面，检查开关柜区域内遗留的工具、材料等。

6.2　试验及分析

6.2.1　试验项目

充气式开关柜试验项目见表6－1。

表6－1　　充气式开关柜试验项目表

序号	试验项目	试验性质	被试设备	要　求	说明条款
1	外观检查	交接试验 例行试验 巡检	柜体、各种表计、接地装置、防爆装置等	无异常	6.2.2
2	绝缘电阻	交接试验 例行试验 诊断性试验	母线	符合制造厂家要求及相关规定	6.2.3.1
			分支回路（避雷器、三工位开关、断路器、电缆、电流互感器）	与初始值比较无显著下降或符合制造厂家要求及相关规定	6.2.3.2
			电压互感器	符合制造厂家要求及相关规定	6.2.3.3
			辅助回路和控制回路	符合制造厂家要求及相关规定	6.2.3.4

续表

序号	试验项目	试验性质	被试设备	要　求	说明条款
3	防误性能检查	交接试验 例行试验	电气及机械闭锁装置	符合产品技术条件及相关规定	6.2.4
4	回路电阻	交接试验 例行试验 诊断性试验	相邻柜体高压导电回路	符合产品技术条件及相关规定	6.2.5
5	断路器机械特性试验	交接试验 例行试验	断路器本体操动机构	符合制造厂家要求及相关规定	6.2.6
6	操动机构合闸接触器和分、合闸电磁铁的最低动作电压	交接试验 例行试验	断路器本体操动机构	符合制造厂家要求及相关规定	6.2.7
7	交流耐压	交接试验 诊断性试验	母线	符合相关规定	6.2.8
8	75%直流参考电压下的泄漏电流检测	交接试验 诊断性试验	避雷器	U_{1mA} 初值差不超过±5%且不低于 GB 11032 规定值（注意值）；0.75U_{1mA} 漏电流初值差≤30%或 50μA（注意值）	6.2.9
9	电流互感器伏安特性检测	交接试验 诊断性试验	电流互感器	拐点电压＞最大短路电流（二次值）×二次阻抗	6.2.10
10	电压互感器励磁特性检测	交接试验 诊断性试验	电压互感器	拐点电压≥$1.9U_m/\sqrt{3}$ 相间差≤30%	6.2.11
11	气体密度表（继电器）校验	交接试验 诊断性试验	气体压力密度表（继电器）	节点动作压力应符合制造厂规定	6.2.12
12	红外热像检测	巡检	柜体及进、出线电气连接处	无异常	6.2.13
13	超声波法局部放电检测（带电）	巡检	柜体	无异常放电	6.2.14
14	接地阻抗测试	交接试验 诊断性试验	室外安装环网柜独立接地装置	无异常	6.2.16

注　所有试验项目周期按相关规定执行，气体湿度测量以厂家提供报告为准。

6.2.2　外观检查

外观检查在交接试验、例行试验、日常巡视、专业化巡检中开展，主要检查柜体、各种表计、接地装置、防爆膜等，评判要求为无异常。

（1）检查的目的。检查外观是否异常。

（2）检查周期。投产前，例行试验，巡检（按照相关规定进行）。

（3）检查内容。

1）外观无异常，柜门无变形，柜体密封良好，螺钉连接紧密，高压引线连接正常，绝缘件表面完好，无异常放电声音，日常巡视周期建议为每季度一次；

2）照明、温控装置工作正常，试温蜡片无脱落或测温片无变色，检查柜体凝露情况；

3）储能状态指示正确，带电显示器、开关分合闸状态指示正确；

4）电流表、电压表指示正确；

5）接地装置螺钉紧固良好；

6）气体压力值在制造厂规定范围内且无明显变化（每个气室均应检查到位）；

7）防爆装置上无异物，且未发生变形，操动机构合分指示正确，加热器功能正常（建议每半年检查一次）；

8）带电显示装置检查，各部位带电情况指示正确；

9）接地装置完整正常，构架的基础正常无裂缝；

10）蓄电池设备（若有）外观正常，接头无锈蚀，状态显示正常。

（4）安全事项：检查防爆装置时，应避开爆破方向，严禁触碰防爆装置。

6.2.3 绝缘电阻测试

6.2.3.1 母线绝缘电阻试验

（1）试验目的。检测整段母线内全体环保气体金属封闭开关设备中三工位隔离开关至母线侧的绝缘、母线连接器的绝缘以及气体的绝缘水平。

（2）试验方法。

1）充气柜具备母线扩展接口时，打开柜体侧封板，拆下扩展接口的堵头，插入电压适配器，通过电压适配器进行母线绝缘电阻测量。测量时所有断路器和三工位隔离开关均处于分闸位置。

2）当不具备母线扩展接口时，可通过任意馈线柜的备用接口或拆除母线TV柜电缆头，合上断路器/负荷开关及三工位隔离开关，使之与母线联通，其余断路器/负荷开关和三工位隔离开关均处于分闸位置，测量母线及该分支回路的整体绝缘电阻。

3）母线避雷器直接接于母线时，可连同避雷器一并进行绝缘电阻测量。

4）母线电压互感器直接接于母线时，需将电压互感器拔出，直接在该位置测量母线绝缘电阻。电压互感器单独进行绝缘电阻测量。

6.2.3.2 分支回路绝缘电阻试验

（1）试验目的。分支回路中包含有断路器/负荷开关、三工位隔离开关、电流互感器、避雷器、出线电缆等。由于运行中的充气柜无法将各元件进行物理隔离，因此需测量各分支回路的整体绝缘电阻。

（2）试验方法。拆下被试充气柜试验接口的插拔式堵头，将母线侧三工位隔离开关置于分闸位置，断路器/负荷开关及线路侧三工位隔离开关置于合闸位置，进行绝缘电阻试验。

当变化值较大时，需进行检查性的分解试验。以尽量减少拔插为原则，按照机械联锁操作顺序依次分合断路器/负荷开关，分合三工位隔离开关，插拔电缆头。

6.2.3.3 母线电压互感器绝缘电阻试验

（1）试验目的。检查电压互感器的绝缘状况。

（2）试验方法。

1）电压互感器直接接入母线时，与母线同时进行绝缘电阻试验。

2）用与避雷器一并安装于母线设备柜内的电压互感器测量互感器绝缘电阻。试验前将一次绕组尾端接地解开。

6.2.3.4 辅助回路和控制回路的绝缘电阻试验（见图 6–10）

（1）试验目的：考验辅助回路和控制回路的绝缘水平。

（2）试验方法：采用 500V 绝缘电阻表测量。

6.2.3.5 安全事项

（1）拔插堵头时，需严格执行标准工艺。

（2）测试后需进行充分放电，防止剩余电荷伤人。

6.2.4 防误和联锁验证

（1）检查目的。确保防误功能完善，防止误操作。

（2）检查内容。

1）防止误分、误合断路器：三工位隔离开关在操作过程中，应能将断路器/负荷开关分、合闸闭锁（电气、机械同时闭锁），操作到位后，解除闭锁。

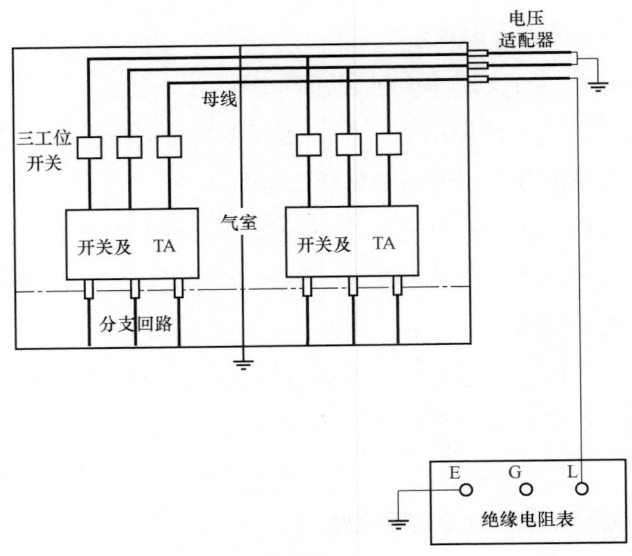

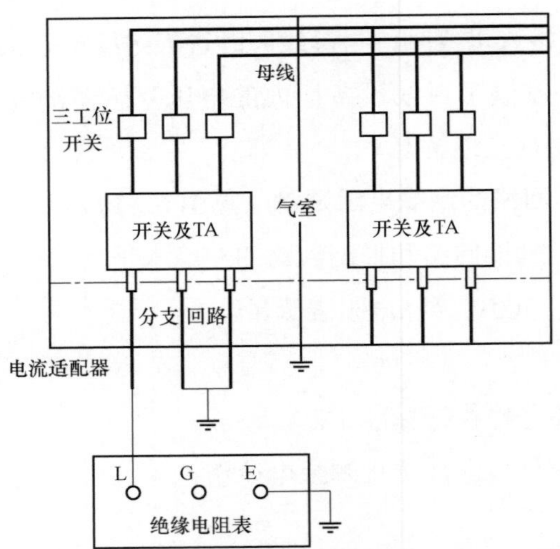

图 6－10　辅助回路和控制回路的绝缘电阻试验连接图

2）防止带负荷拉、合隔离开关：断路器/负荷开关在合闸位置时，应能可靠闭锁三工位隔离开关。

3）防止带电（挂）合接地（线）开关：三工位隔离开关本身具备此功能，需检查三工位隔离开关动作是否可靠。

4）防止带接地线（开关）合断路器/负荷开关：三工位隔离开关处于接地位

置时，串联线路侧带电显示器节点闭锁合闸回路。

5）防止误入带电间隔：带电显示及电气指示功能完好。

6.2.5 主回路电阻测试（见图 6－11）

（1）试验目的。检查柜内电器主回路是否接触良好。

（2）试验方法。拆下被试柜试验接口的插拔式堵头或者电缆接头，将电流适配器插入试验接口，合上相邻充气柜的断路器及三工位隔离开关使之形成回路。试验仪器分别接入相邻柜的同相电流适配器，试验电流不小于 100A。

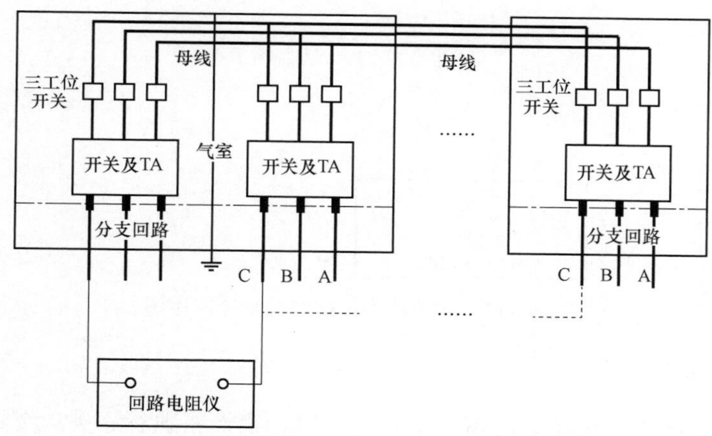

图 6－11 主回路电阻测试连接图

（3）安全事项。

1）拔插堵头及试验适配器时，需严格执行标准工艺。

2）测试回路需接线牢靠，避免引线脱落起弧。

6.2.6 开关动作机械特性测试（见图 6－12）

（1）试验目的。检查断路器/负荷开关的机械性能，确保可靠动作及其开合性能。

（2）试验内容。测试断路器/负荷开关的三相分合闸时间、同期性、合闸弹跳。

（3）试验方法。拆下被试柜试验接口的插拔式堵头或者电缆接头，将电流适配器插入试验接口，将三工位隔离开关置于接地位置，从电流适配器处取信号，控制电压加至二次端子分、合闸及公共端子处，接线图如图 6－12 所示。

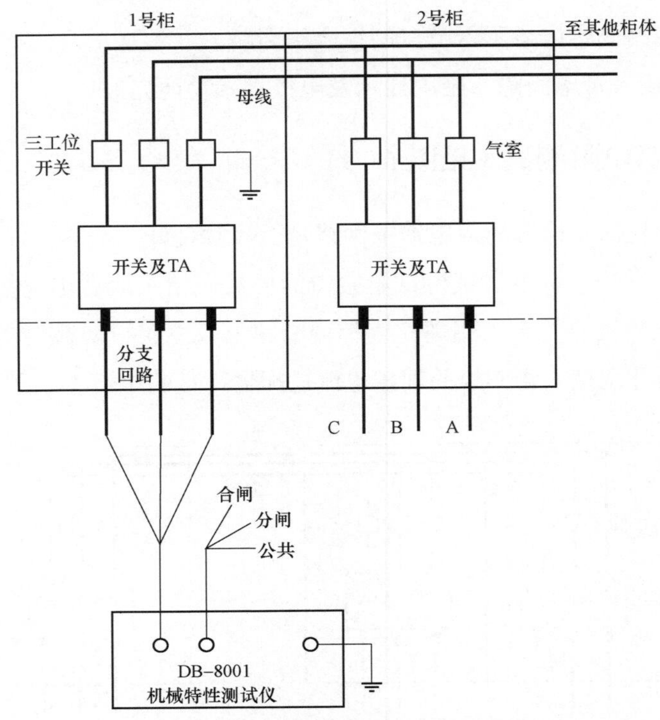

图 6－12　开关动作机械特性测试连接图

（4）安全事项。

1）拔插堵头、试验适配器、电缆接头时，需严格执行相关电缆连接标准。

2）断路器/负荷开关动作过程中防止机械伤人。

6.2.7　机械操作

（1）试验目的。验证断路器/负荷开关分合闸线圈是否良好，确保断路器动作性能。

（2）试验方法。同“断路器机械特性试验”。

（3）安全事项。

1）拔插堵头时，需严格执行标准工艺。

2）断路器动作过程中防止机械伤人。

6.2.8　母线交流耐压试验（见图 6－13）

（1）试验目的。考验母线及三工位开关的耐压水平。

（2）试验方法。根据母线电压互感器的安装方式，分为以下两种情况：

1）母线电压互感器和避雷器直接接到母线上。试验前需要将电压互感器和避雷器退出，插入电压适配器，非试验相用专用堵头封堵，再开展耐压试验。

2）母线有单独的电压互感器间隔。三工位开关分闸，将电压互感器、避雷器与母线隔离，插入电压适配器进行试验。

无异常，电流稳定无明显变化，试验后绝缘电阻无明显下降。

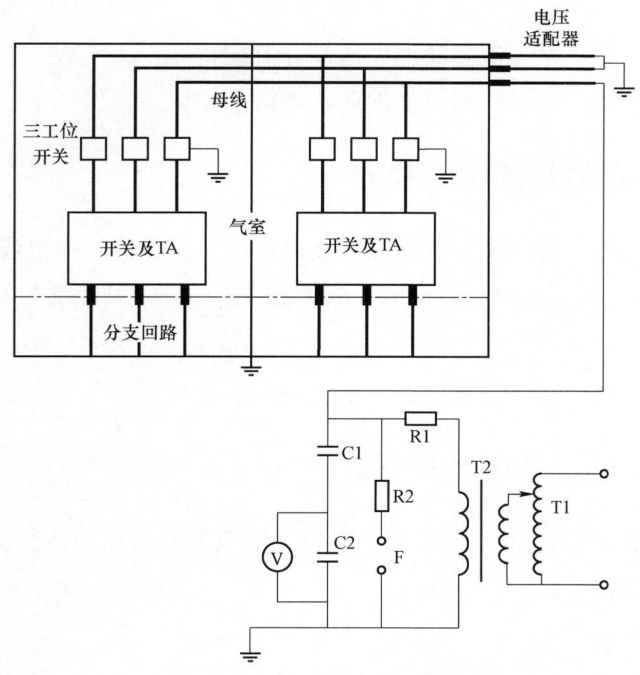

图 6－13　母线交流耐压试验连接图

（3）安全事项。

1）交流耐压试验需在绝缘电阻试验后进行。

2）拔插堵头及试验适配器时，需严格执行标准工艺。

3）测试后需进行接地放电，防止剩余电荷伤人。

6.2.9　避雷器直流泄漏电流试验

（1）试验目的。通过停电试验，检查避雷器绝缘绝缘性能及电气性能。

（2）试验方法。停电状态下，拔出避雷器对其进行试验。

（3）安全事项。拔插设备时需严格执行标准工艺。

6.2.10 电流互感器伏安特性试验

（1）试验目的。检测电流互感器的励磁特性，确保运行中出现最大短路电流时互感器不饱和。

（2）试验方法。交接试验需在装配前进行。当电流互感器置于气箱内时，拆下试验接口的堵头，将电流适配器插入试验接口并可靠接地，将三工位隔离开关置于接地位置，从电流互感器二次侧升流试验。

（3）安全事项。拔插设备时需严格执行标准工艺。

6.2.11 电压互感器励磁特性检测

（1）试验目的。检测电压互感器的励磁特性，防止运行中出线铁磁谐振。

（2）试验方法。试验时退出电压互感器或熔断器，从电压互感器二次侧升压试验。

（3）安全事项。拔插设备时需严格执行标准工艺。

6.2.12 气体密度表及压力表校验

（1）试验目的。检测气体压力密度表（继电器）节点动作是否可靠，动作值是否符合厂家规定。

（2）试验方法。

1）具有三通截止阀时：关闭截止阀，直接从三通阀的试验（充气）口进行测试。

2）不具有三通截止阀时：拆卸表计或继电器进行测试（继电器需采用特殊校验装置，或直接轮换）。

（3）安全事项。拆卸表计（继电器）时，应注意观察逆止阀的密封性能，当出现漏气时需及时装复停止试验，防止过多气体泄漏；回装时保证螺纹装配正确，避免破坏螺纹。

6.2.13 红外热像检测

（1）试验目的。通过与同等运行条件下相同开关柜进行比较，发现异常缺陷。

（2）试验方法。检测开关柜及进、出线电气连接处，红外热像图显示应无异常温升、温差和（或）相对温差。对大电流柜酌情考虑，注意与同等运行条件下相同开关柜进行比较。测量时记录环境温度、负荷及其近3h内的变化情况，以便分析参考。检测和分析方法参考DL/T 664—2016。

（3）判断标准。无异常。

（4）安全事项。试验时避开防爆膜爆破方向。

6.2.14 超声波法局部放电检测（带电）

（1）试验目的。发现开关柜内部绝缘缺陷。

（2）试验方法。带电检测，参照仪器使用说明。超声波信号由局部放电源沿着绝缘介质和金属件传递到开关柜外壳，并向周围空气传播，通过在开关柜表面安装的超声波传感器，可耦合到局部放电发生时的超声波信号，进而判断电力设备的绝缘状况。

（3）判断标准。一般检测频率为20～100kHz的信号。若有数值显示，可根据显示的dB值进行分析；对于以mV为单位显示的仪器，可根据仪器生产厂商建议值及实际测试经验进行判断。

推荐指导判据：小于0dBmV且没有声音信号，判断为未发现明显的放电现象；小于8dBmV且有轻微声音信号，判断为有轻微的放电现象，需要缩短检测周期；大于8dBmV且有明显声音信号，判断为有明显的放电现象，需要对设备采取相应的措施。（补充超声波判据方法）

若检测到异常信号可利用特高频检测法、频谱仪和高速示波器等仪器和手段进行综合判断。异常情况应缩短检测周期。

（4）安全事项。试验时避开防爆膜爆破方向。

6.2.15 暂态地电压法局部放电检测（带电）

（1）试验目的。发现开关柜内部绝缘缺陷。

（2）试验方法。带电检测，参照仪器使用说明。一般按照前面、后面、侧面选择布点，前面选2点，后面、侧面选3点，后面、侧面的选点应根据设备安装布置的情况确定。如存在异常信号，则应在开关柜进行多次、多点检测，查找信号最大点的位置，应尽可能保持每次测试点的位置一致，以便于比较分析。

（3）判断标准。若充气柜检测结果与环境背景值的差值大于 20dBmV，需查明原因；若开关柜检测结果与历史数据的差值大于 20dBmV，需查明原因；若本充气柜检测结果与邻近开关柜检测结果的差值大于 20dBmV，需查明原因。

必要时，进行局部放电定位、超声波检测等诊断性检测。

（4）安全事项。试验时避开防爆膜爆破方向。

6.2.16　接地阻抗测试（仅限于室外安装环网柜）

（1）试验目的。检测环网柜接地阻抗值，防止运行中其接地阻抗不合格导致的雷电及其他过电压事故。

（2）试验方法。根据 DL/T 475《接地阻抗测量导则》，采用电压、电流三级法进行测试。

7 运行和维护

7.1 开关柜巡视

环保充气柜的巡视项目主要包括例行巡视和特殊巡视，具体巡视的内容及要求如下。

7.1.1 现场巡视（专业巡视+日常巡视）

开关柜的现场巡视内容如下：

（1）设备标志牌名称、编号齐全、完好且与后台一致。

（2）气体密度继电器或压力表指示应正常。

（3）设备运行状态应正常，断路器/负荷开关、三工位开关位置状态显示器及操动机构上分、合位置指示应正确，电气指示与机械指示应一致且正确。

（4）带电显示器应正常工作、自检功能完好且与实际运行状态相符。

（5）开关柜外壳应无发热现象，周围无异味、异声及其他异常情况。

（6）开关柜正常运行时，保护电压、控制、储能、加热照明等控制回路空气开关，应处正常合闸状态。

（7）开关柜正常运行时断路器操动机构应处已储能状态。

（8）操作方式切换开关正常运行时应在“远控”位置。

（9）断路器“远方/就地”切换开关根据断路器实际运行状态切至相应位置（运行及热备用状态切至“远方”状态，冷备用及检修状态切至“就地”状态）。

（10）分闸、合闸、开关遥控、保护远方操作压板在投入位置，其他均停用（合闸压板根据实际情况投入）。

（11）微机五防闭锁装置应完好，防误闭锁装置完好，闭锁可靠，机械联锁装置完整可靠。

（12）保护装置显示正常，重合闸应处于充满电状态。

（13）保护装置运行灯亮，工作指示灯、闭锁指示灯应正常显示，跳、合位灯应与断路器实际位置一致。

（14）检查电缆头的连接状况，内锥式电缆头应连接良好，无松动、变形，无异常放电声。

（15）开关柜内封堵完好，无明显受潮或凝露现象。

（16）二次端子无锈蚀、过热现象，二次电缆绝缘层无变色、老化、损坏现象，二次接线布置整齐，无松动、无损坏。

（17）加热除湿装置正常工作、投切功能完好。

7.1.2 远程巡视

开关柜的远程巡视内容如下：

（1）远程查看保护装置运行状态正常，无告警信息。

（2）远程查看图像监控系统图像显示，检查开关柜运行状态和运行环境。

（3）远程查看在线监测状态数据显示正常，无告警信息。

7.1.3 特殊巡视

遇有下列情况，在保证人员安全的前提下，应对开关柜进行特殊巡视，特殊巡视项目及内容如下：

（1）设备变动后的巡视：设备经过检修、改造或长期停运后重新投入系统运行后，按照例行巡视内容，进行外观、位置、压力和信号检查，同时运用热像仪对设备进行红外测温检查。

（2）异常气象条件下的巡视：雷雨或地震后，按照例行巡视内容进行外观、位置、压力和信号检查。

（3）异常运行状况时的巡视。

1）过负荷或负荷剧增、超温、设备发热：结合带电检测，检查设备本体、电缆接头等是否存在异常；

2）开断故障电流后，按照例行巡视内容，进行外观、位置、压力和信号检查；

3）重要保供电任务时的巡视：按照保供电任务和例行巡视内容，进行外观、位置、压力和信号检查。

7.2 带 电 检 测

设备投运后应定期对开关柜开展带电检测工作，带电检测项目应包括以下内容。

7.2.1 红外热像检测

检测开关柜柜体、机构箱内的端子排及二次元件、出线电缆以及管母等部位，红外热像图显示应无异常温升、温差和/或相对温差。判断时，应该考虑测量时及前 3h 负荷电流的变化情况，注意与同等运行条件下其他开关柜进行比较。

7.2.2 暂态地电位及超声波局部放电检测

检测开关柜的暂态地电压和超声波局部放电信号，与背景噪声值比较应无明显增大。判断时，应该考虑测量时负荷电流的情况，注意与同等运行条件下其他开关柜进行比较以及与历史数据做比较。

7.2.3 气体密度继电器或压力表校验

数据显示异常或达到制造商推荐的校验周期时，应进行本项目。校验按设备技术文件要求进行。

7.3 检 修 与 维 护

7.3.1 维护作业的周期和项目

（1）断路器/负荷开关机构检查；

（2）三工位开关机构检查；

（3）机械联锁的检查；

（4）泄压装置及通道的检查；

（5）气体系统的检查；

（6）元器件检查；

（7）电气试验（例行试验诊断试验）。

7.3.2 维护作业前的准备

7.3.2.1 准备工作安排（见表 7－1）

表 7－1　　准备工作安排

序号	内容	标准
1	开具相应的工作票	符合安规要求
2	根据运行中发现的缺陷及上次检修的情况，确定重点检修项目	设备情况摸底和反措计划，制定处理方案，确保缺陷处理
3	准备有关技术资料一次系统图、二次原理图、接线图、检修记录及上次检修报告	技术资料、记录符合现场施工要求
4	准备工具、机具、材料、备品配件、试验仪器和仪表等，并运至检修现场	仪器仪表、工器具应齐全合格，符合现场施工要求
5	检修人员通过培训掌握本作业指导书的要求	

7.3.2.2 人员标准（见表 7－2）

表 7－2　　人员标准

序号	内容
1	应经过培训，认真通读本作业指导书
2	熟悉该设备的安装、施工或操作，并清楚其中的危险点
3	经过培训，能按照已经确认的安全操作方法安全地合闸、分闸、清扫、接地、解锁电路
4	经过培训，能够按照已经确认的安全操作方法，正确维护和使用保护设备，如绝缘手套、安全帽、防护面罩等。接受过紧急救护培训
5	了解开关柜的结构；了解断路器的特性，并熟悉断路器的结构、动作原理及操作方法；了解三工位操动机构的特性，并熟悉操动机构的结构、动作原理及操作方法；熟悉机械联锁的结构、原理；了解气体压力系统的结构和原理；对各部件可能出现的故障应有一定的分析、判断及处理能力

7.3.2.3 备品备件（见表 7－3）

表 7－3　　备品备件

序号	名称	规格	单位	数量	备注
1	分闸脱扣器		个	1	
2	合闸脱扣器		个	1	
3	辅助开关		个	1	
4	储能电机		个	1	

续表

序号	名　　称	规格	单位	数量	备注
5	辅助开关储能电源行程开关		个	1	
6	合闸闭锁电磁铁辅助开关		个	1	
7	断路器主轴的辅助开关		个	1	
8	合闸闭锁电磁铁		个	1	
9	三工位位置辅助开关		套	1	
10	三工位操动机构操作孔辅助开关		套	1	
11	带电显示器		个	1	
12	气体密度继电器或气体密度表		个	1	
13	位置指示器（隔离开关，接地开关，断路器）		个	各 1	
14	加热器（50W）		个	1	
15	电流型接线端子		个	10	
16	电压型接线端子		个	20	
17	空气开关		只	1	
18	中间继电器		只	1	

7.3.2.4　工器具（见表 7－4）

表 7－4　　工　器　具

序号	名　　称	规格	单位	数量	备注
1	回路电阻测试仪		台	1	
2	机械特性测试仪及传感器		套	1	
3	耐压试验设备		套	1	
4	万用表		只	1	
5	专用塞尺、直尺手、电筒		只	1	
6	维护检查工具，如六角扳手及内六角扳手各一套、扳手、螺钉旋具等及所需标准件		套	1	
7	钢丝钳、尖嘴钳、斜口钳、螺钉旋具、强力磁铁等		套	1	
8	电压适配器、电流适配器		套	1	
9	2 号内锥绝缘子		只	1	
10	断路器储能手柄		把	1	
11	三工位操作手柄		把	1	
12	N_2气瓶		只	各 1	
13	绝缘电阻测试仪		台	1	

续表

序号	名称	规格	单位	数量	备注
14	红外热成像仪		台	1	
15	开关柜局部放电测试仪		台	1	
16	直流高压发生器		台	1	
17	接地电阻测试仪		台	1	
18	互感器综合特性测试仪		台	1	
19	充气接头		套	1	
20	气压表		只	1	
21	气体水分测试仪		台	1	
22	氧化锌避雷器特性测试仪		台	1	

7.3.2.5 危险点分析（见表 7–5）

表 7–5 危 险 点 分 析

序号	内容
1	检查断路器在合闸位置，断路器储能电源、分合闸控制电源、闭锁电源均在断开位置
2	将断路器机构储能释放
3	检查三工位开关处于接地位置，三工位分合闸控制电源在断开位置

7.3.3 维护作业启动和安全措施（见表 7–6）

表 7–6 维护作业启动和安全措施

序号	内容
1	检查柜体外观是否正常，开关运行状态是否正常，断路器、隔离开关、接地开关位置指示是否正确，带电显示是否正常指示电压，加热器控制器是否正常工作，气体密度继电器或气体密度表指示是否正常
2	确认被检开关柜的主母线和线路侧全部没电
3	断开主回路的断路器，将三工位开关操作至接地位置
4	打开二次室柜门，切断控制、储能回路电源，将断路器机构储能释放，将断路器合闸，切断三工位机构操作电源

7.3.4 断路器/负荷开关机构检查

开关柜采用真空断路器或负荷开关，二次控制及操动机构的传动零件应严格定期检查。

7.3.4.1 一次导电部分

断路器/负荷开关位于开关柜密封气室内，在每 10 年或每 5000 次分合操作后，应进行工频耐压试验。

7.3.4.2 断路器/负荷开关操动机构及二次控制部分

真空断路器/负荷开关弹簧操动机构检查维护项目及要求如下：

（1）清除操动机构箱内部装置（分合闸线圈、主轴、连杆、各拐臂及辅助触点等处）的积灰。

（2）主轴转动无卡涩。

（3）分合闸脱扣器动作灵活，无停顿卡涩，线圈接头牢固，无烧蚀。

（4）分、合闸弹簧无松动或变形。

（5）棘爪啮合正常，锁扣紧密，扣合面无打滑或位移。

（6）各拐臂、连板无弯曲变形。

（7）连杆连接紧固，无松动或弯曲变形。

（8）各连接处的弹簧销、开口销齐全完好无损。

（9）各传动轴运转正常，无卡涩，无严重磨损。

（10）各螺栓（特别是带弹簧垫圈的）边接处是否紧固。

（11）手动及电动储能均正常，储能储足后电动机应能自动切断电源，储能位置指示正确。

（12）分、合闸操作正常，实际位置指示清楚正确。

（13）分合闸计数器动作正确。

（14）缓冲器功能正常。

（15）辅助开关触点接触良好、无卡涩，二次接线螺钉紧固。

（16）与三工位开关之间的联锁连杆连接可靠。

（17）二次插座内的触针清洁且无松动现象。

（18）使用润滑脂（或厂方指定润滑剂），涂在滑动部件（如主轴，传动轴等）的连接处。

断路器/负荷开关机械特性测试：测试分/合闸线圈动作电压、断路器分/合闸时间、同期性及合闸弹跳时间等。

7.3.5 三工位开关结构检查

三工位开关的一次高压部分一般在3000次操作循环内免维护，但应定期对二次控制及操动机构进行功能检查和目视检查。每12年或在操作1000次循环后必须检查。作业流程及工艺要求如下：

7.3.5.1 一次导电部分

三工位开关的高压一次导电部分都位于开关柜密封气室内，终身免维护。

7.3.5.2 三工位开关操动机构部分

三工位开关操动机构是非独立机构，即动触头的合分速度与电动或手动操作速度有关，没有储能弹簧。检查维护项目及要求如下：

（1）用刷子清除操动机构箱内部装置（电动机、主轴、连杆、各拐臂及限位开关接点等处）的积灰。

（2）用蘸有酒精的软布擦净操动机构箱内表面的积灰。

（3）主轴涡轮无毛刺，转动无卡涩现象。

（4）分合闸转动灵活，无停顿卡涩现象；各限位开关安装牢固、接点连接可靠、动作灵活。

（5）主轴涡轮与涡杆啮合正常，锁扣紧密，扣合面无打滑或位移。

（6）A相与B、C相连动的皮带与齿轮啮合正常，松紧合适一致，锁扣紧密，扣合面无打滑或位移。

（7）各拐臂、连板无弯曲变形。

（8）连杆连接紧固，无松动或弯曲变形。

（9）各连接处的弹簧销、开口销齐全完好无损。

（10）各传动轴运转正常，无卡涩，无严重磨损。

（11）各螺栓（特别是带弹簧垫圈的）边接处是否紧固。

（12）手动及电动操作均正常，操作到位后，电动机应能自动切断电源；同时三工位开关位置指示正确。

（13）分、合闸操作正常，实际位置指示清楚正确。

（14）手动操作到隔离位置时（合—隔离和接地—隔离）机构能被正确闭锁；按“合闸解锁”按钮后，能被可靠解锁。

（15）封闭操作孔的活页在操作手柄抽出后能正常复位并接通电动回路。

（16）辅助开关触点接触良好、无卡涩，二次接线螺栓紧固。

（17）与断路器之间的联锁连杆连接可靠，无弯曲变形。

（18）二次插座内的触针清洁且无松动现象。

（19）使用润滑脂（或厂方指定润滑剂），用手涂在滑动部件（如主轴，传动轴等）的连接处。

7.3.6 机械联锁的检查

7.3.6.1 断路器/负荷开关内联锁

（1）断路器/负荷开关分闸的状态。断路器/负荷开关分闸的状态下，用手应能拉动断路器和三工位开关之间的联锁杆，到位后，观察合闸推杆应被闭锁挡块可靠挡住。松开联锁杆后，联锁机构自动复位，不应卡滞。

（2）断路器/负荷开关合闸的状态。断路器/负荷开关合闸的状态下，用手应能拉动断路器/负荷开关和三工位开关之间的联锁杆。

（3）对断路器执行储能行程开关的检查。断路器未储能时，行程开关顶出杆与储能伸出塑料挡块应留有间隙，断路器未储能后，出塑料挡块压住行程开关定出杆，同时顶出杆应还能向前压缩一定行程。

（4）调整。以上间隙不符合规定时可松开联锁杆调整螺栓。

7.3.6.2 三工位开关内联锁

（1）联锁杆的检查。三工位在分、合闸或接地位置，用手应能拉动联锁杆，松开后联锁杆应能自由复位。

（2）手动和电动间的联锁。打开机构操作孔，此时三工位机构不能电动操作。

7.3.6.3 断路器/负荷开关和三工位开关之间的联锁

检查断路器机构和三工位机构之间的联锁杆紧固连接件是否有松脱现象。

将断路器操作至分闸位置，用手拉动联锁杆，应可以自由动作。再将三工位开关操作至中间非正常位置时，用手去合断路器手动合闸按钮（注意断路器面板打开时，禁止手去合电动合闸按钮），此时合闸应被阻止，不能实现。

再操作三工位开关至准确位置（分，合或接地）后，拔出操作手柄，手动合闸断路器，此时三工位操动机构的操作孔应被挡住，不能打开。

7.3.6.4 柜体间的联锁

因为各变配电站有不同的专有联锁要求，根据各具体专有要求检查联锁。

7.4 气体系统的检查

7.4.1 气体系统维护

气室内气体压力监测应定期（周期）对绝缘气体监测、释压系统进行检查维护，具体项目及要求如下：

（1）用刷子清除监测阀到气体密度继电器或压力表上的积灰；

（2）用蘸有清洁剂的软布擦净监测阀到气体密度继电器或压力表上的积灰；

（3）检查气体密度继电器的接点连接应牢固；

（4）重新安装气体密度继电器或压力表前应对两端接头清洁，并不能带有任何异物。

7.4.2 气体检漏

当气体压力在线监测系统报警或压力表指示明显降低时，应开展气体检漏工作，确定泄漏位置并及时处理。由于空气中的氮气含量占比达 78%，采用示踪气体检漏，具体方法及要求如下：

（1）确认漏气的主回路隔室位置，例如主母线隔室或断路器隔室。

（2）将漏气的主回路隔室停电并可靠接地，必要时整个主回路停电。

（3）每个充气隔室安装有自封阀。当自封阀上仅安装密度继电器或压力表时，用扳手逆时针旋转充气接头螺母，拆下密度继电器或压力表。拆除时注意应采用扳手固定住自封阀，防止旋松充气接头螺母的同时将自封阀故障松动产生二次泄漏事故；当安装三通阀时，无须拆卸密度表。

（4）静置等待 60～120min，使示踪气体与氮气充分、均匀混合。

（5）采用灵敏度足够的气体检漏仪对充气柜气箱可能发生泄漏的母线套管、进线套管、断路器拉杆、隔离开关传动杆、防爆膜等部位的密封面位置区域进行定性检漏，确定泄漏点可能发生的范围。

（6）标记泄漏点范围，通知制造厂进行泄漏故障排除作业。

（7）现场泄漏故障清除作业完成后，重复检漏操作，确认气箱的泄漏点已被清除。

7.4.3 现场补气操作

现场完成泄漏故障消缺工作后，应对充气柜气室进行补气操作。

对于未解除气箱密封结构进行消缺作业的漏气事故，无须进行抽真空作业，具体补气操作步骤如下：

（1）连接充气工装设备的充气接头至开关柜气箱的自封阀或补气阀（当采用三通阀时）（见图 7－1 或图 7－2），充入环保气体至充气柜额定绝对压力。

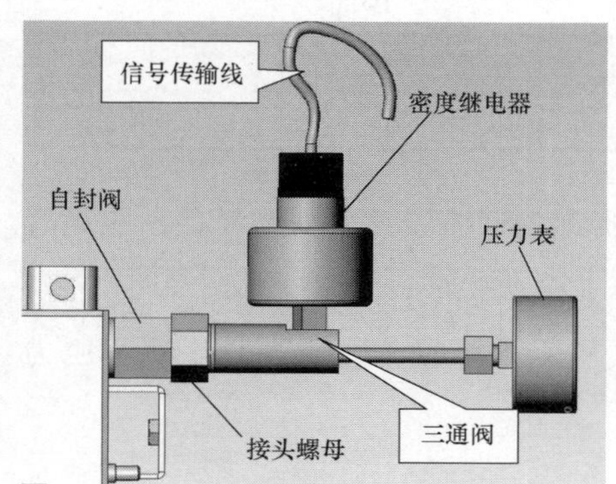

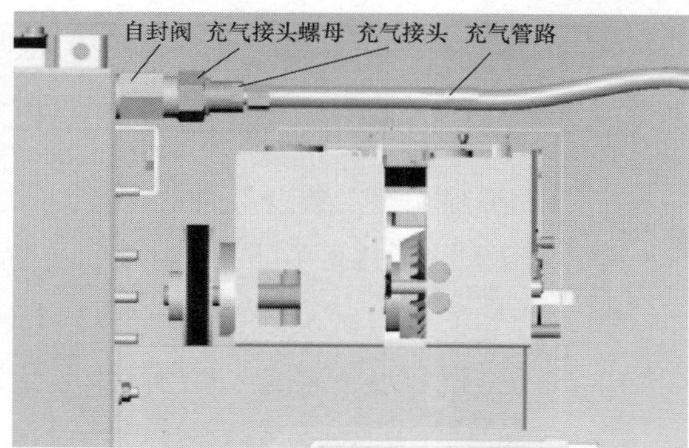

图 7－1 密度继电器和压力表及充气工装设备示意图

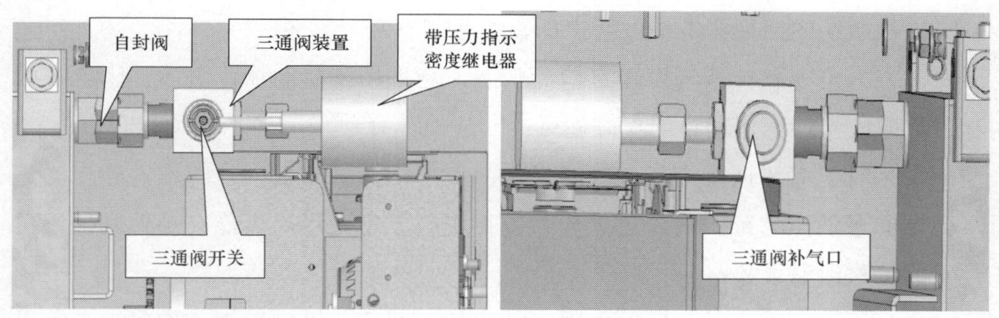

图 7－2 三通阀结构示意图

（2）拆除充气工装设备的充气接头，已拆卸的密度表重新安装复位，三通阀只需拆除充气工装设备的充气接头，补气作业至此完成。

对于解除充气柜气箱密封结构进行消缺作业的漏气事故，补气过程需要进行抽真空，具体补气操作步骤如下：

（1）拆除本柜正常气室的密度表（如有），将正常气室内的环保气体释放至零表压，以防止故障气室抽真空导致气箱间过大的压力差。

（2）连接充气工装设备的充气接头至开关柜漏气故障气箱的自封阀或三通阀的检修阀，打开真空泵电源，抽真空至制造厂允许最低压力值，关闭真空泵，充入环保气体至额定压力。

（3）重复上述抽真空及充气操作各 3 次以充分清洁和干燥气密隔室的内部气体，最后一次将气密隔室内环保气体充至额定压力后结束清洗干燥操作。

（4）抽真空及充气次数对应环保气体含量如表 7－7 所示。

表 7－7　　环保气体含量与抽真空及充气操作的对应关系

状态	初始状态	第 1 次操作	第 2 次操作	第 3 次操作
环保气体含量	78%	93%	97%	99%

1）拆除充气工装设备的充气接头，已拆卸的密度表重新安装复位，三通阀只需拆除充气工装设备的充气接头，补气作业至此完成；

2）如需要测试水分含量，最后一次气密隔室环保气体压力高于额定压力 100mbar，留出水分测试需要的气体用量。

7.4.4　现场注意事项

气体系统的巡视和维护过程中需要注意以下几个方面：

（1）为监视和检测气密隔室检漏状态，会采用微量的示踪气体，因此在检漏过程中应保持工作场合的良好通风；

（2）对于需要抽真空和补气的操作，应严格控制气箱内外的压力差在制造厂允许的最低压力范围内，过大压力差将引起气箱变形，可能会导致其他不可预见的二次泄漏事故；

（3）拆除密度表时，应首先固定螺纹的一端后，再旋转螺纹的另一端，以防止误松自封阀，导致二次泄漏事故；

（4）重新安装密度表时，应注意自封阀及密度表的密封面清洁、螺牙的正确旋入，防止发生螺牙错位导致的损坏和密封面二次泄漏事故；

（5）完成消缺及补气操作的充气隔室，应安排充气隔室的水分测试。测试水分前，充气工装设备的管路和充气接头必须事先烘干处理，防止由于管路和接头潮湿引起的测量数据误差。

7.5 元器件检查

插接式母线连接器、插接式电压互感器、插接式避雷器及绝缘堵头等都是金属铠装密封式界面绝缘，不受外界环境影响，因此正常情况下在使用周期内其绝缘性能可以保证，无须拆卸验证。定期检查维护项目及要求如下：

（1）用刷子清除上述元器件（如有）金属外壳的积灰。

（2）检查元器件（如有）金属外壳接地线连接可靠。

（3）检查元器件（如有）的二次接线连接可靠。

（4）检查金属外壳表面无损伤、无放电痕迹和变形。

（5）检查元器件（如有）安装固定可靠。

（6）检查开关柜主接地线螺栓有无松动。

（7）检查二次端子排接地线，电流互感器、电压互感器、避雷器、保护继电器的二次接地线是否可靠，有无松动现象。

必要时，可以采用工频耐压试验来验证绝缘性能。

如因电气试验需要拆下，应按要求检查其绝缘表面及电接触状况，同时应按制造厂的“安装使用说明书”要求重新安装。

附录　应　用　案　例

案例 1　HXGN 系列产品

某供电公司公安部大楼等政治场所地下车库项目，10kV 开关设备选用 HXGN－12/630－20 型环保气体环网柜，该设备以干燥空气作为绝缘气体，真空断路器为主开关元件，全密封结构，额定充气压力 0.13MPa（绝对压力）。该项目主要柜型有进线柜、馈线柜、变压器出线柜；额定电压 12kV，主母线额定电流 630A，馈线柜额定电流 630A，开关额定短路电流 20kA，单母线，总计 99 台气体绝缘开关柜。该项目 10kV 开关设备 2016 年 11 月投运，运行至今性能稳定，状态良好。

一次系统图

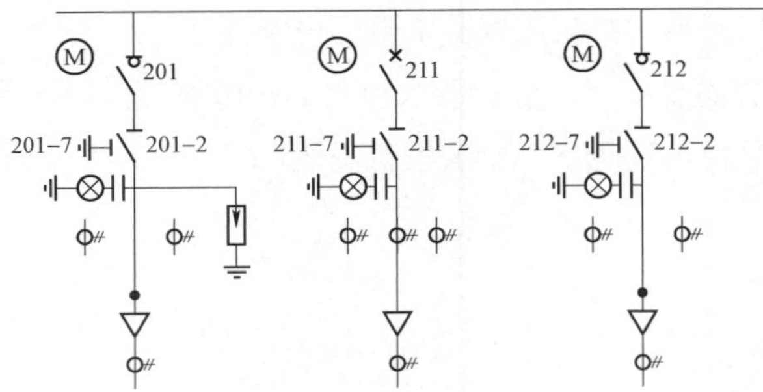

现场图片

案例 2　HG4 系列产品

某实验室交直流混联物理试验平台是为开展交直流混合配电网的系统研究提供测试与验证的环境，10kV 开关设备选用 HG4－12/1250－31.5 型气体绝缘金属封闭开关设备，该设备以 N_2 作为绝缘气体，真空断路器为主开关元件，全密封结构，额定充气压力 0.14MPa（绝对压力）。该项目主要柜型有主进线柜、TV 柜、分断开关柜、分断隔离柜、馈线柜、站用变压器出线柜；额定电压 12kV，主母线额定电流 1250A，馈线柜额定电流 1250A，开关额定短路电流 31.5kA，单母线分段，总计 14 台气体绝缘开关柜。该项目 10kV 开关设备预计 2018 年 3 月投运。

一次系统图

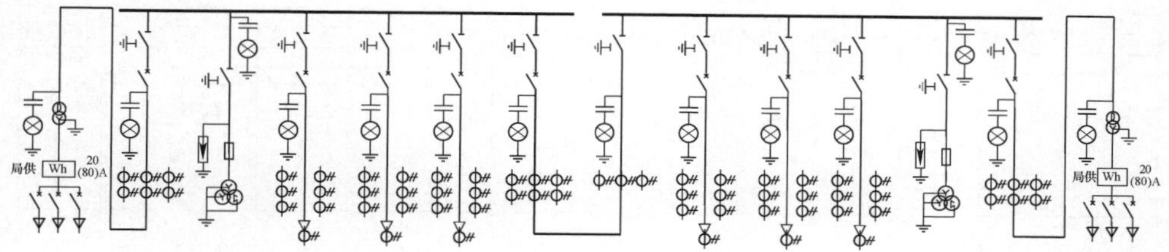

现场图片

案例 3　Safe Air 产品

某供电公司 10kV 变电站项目采用北京 ABB 高压开关设备有限公司生产的 Safe Air 气体绝缘金属封闭开关设备，该设备采用干燥空气作为绝缘介质，全密封结构，额定充气压力 0.14MPa（绝对压力）。项目额定电流 630A，主要柜型有：进线开关柜 2 台，母分开关柜 2 台，计量柜 1 台，母线电压互感器柜 1 台，出线柜 15 台，总计 21 台开关设备。该项目设备于 2016 年 12 月投运，运行至今性能稳定，状态良好。

一次系统图

间隔编号	11号	12号	13号	14号	15号	16号	17号	18号	19号	20号	21号
间隔名称	母分联络柜	9号出线柜	10号出线柜	11号出线柜	12号出线柜	13号出线柜	14号出线柜	15号出线柜	电压互感器柜	计量柜	城东联络进线
型号	Safe-12/D	Safe-12/V	Safe-12/V	Safe-12/V	Safe-12/V	Safe-12/V	Safe-12/V	Safe-12/V	Safe-12/PTC	Safe-12/M	Safe-12/C
一次接线方案											

间隔编号	1号	2号	3号	4号	5号	6号	7号	8号	9号	10号
间隔名称	城东686进线柜	1号出线柜	2号出线柜	3号出线柜	4号出线柜	5号出线柜	6号出线柜	7号出线柜	8号出线柜	母分开关柜
型号	Safe-12/C	Safe-12/V	Safe-12/V	Safe-12/V	Safe-12/V	Safe-12/V	Safe-12/V	Safe-12/V	Safe-12/V	Safe-12/C
一次接线方案										

现场图片

案例 4　ZX0 Air 环保型气体柜产品

北京某配电项目是北京市将行政管理中心迁往通州地区的关键配套工程之一，所建 10kV 开闭所均为地下变电站，设备选型经论证后定位于国内一流充气柜产品。10kV 气体绝缘开关设备选用了 ZX0 Air（12kV，1250A）环保型气体绝缘开关设备。ZX0 Air 产品以干燥空气作为绝缘气体，真空断路器为主开关元件，全密封结构，额定充气压力 0.14MPa（绝对压力）。该项目主要包含了主变压器进线柜、TV 柜、分断开关柜、分断隔离柜、馈线柜等柜型。设备额定电压 12kV，主母线额定电流 1250A，馈线柜额定电流 1250A，开关额定短路电流 25kA。项目涵盖了 A 区和 B 区，合计 244 台 10kV ZX0 Air 环保型气体绝缘开关柜。目前，该项目所有开关设备已全部交付客户。该项目是目前国内智能化要求最高的变电站之一。

一次系统图（示意图）

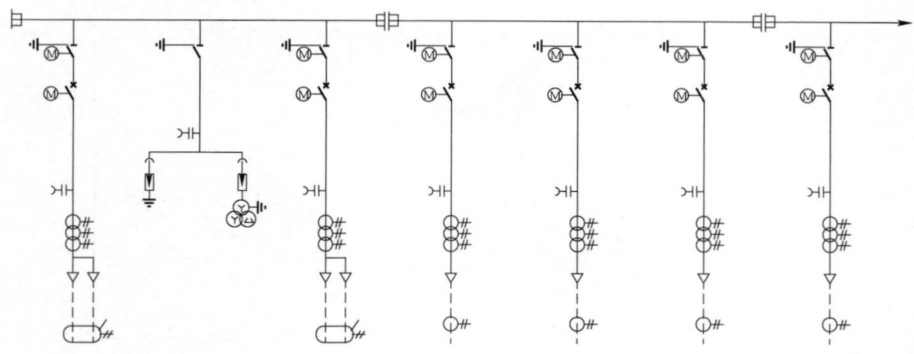

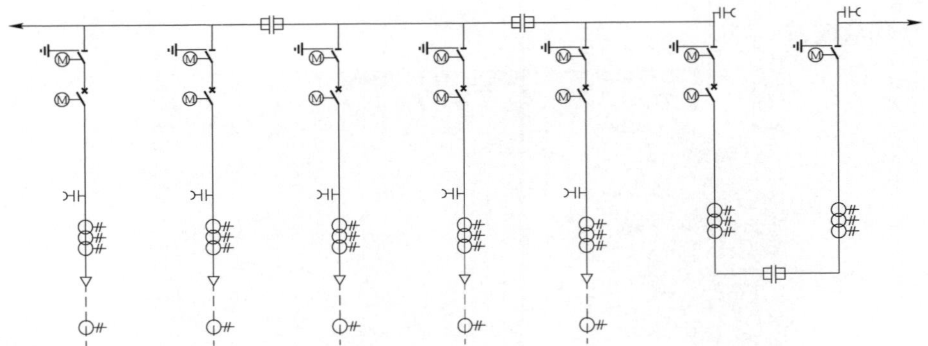

现场图片

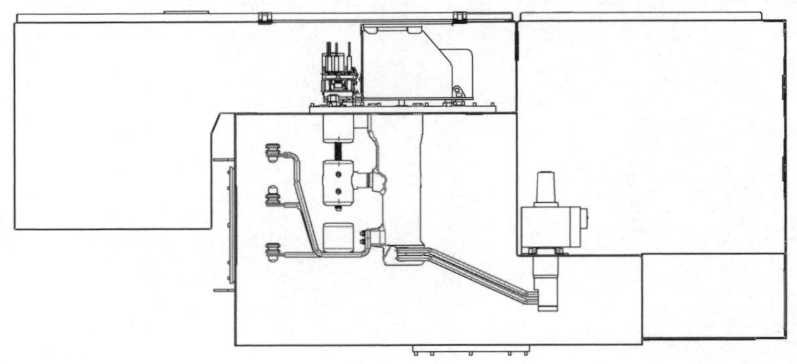

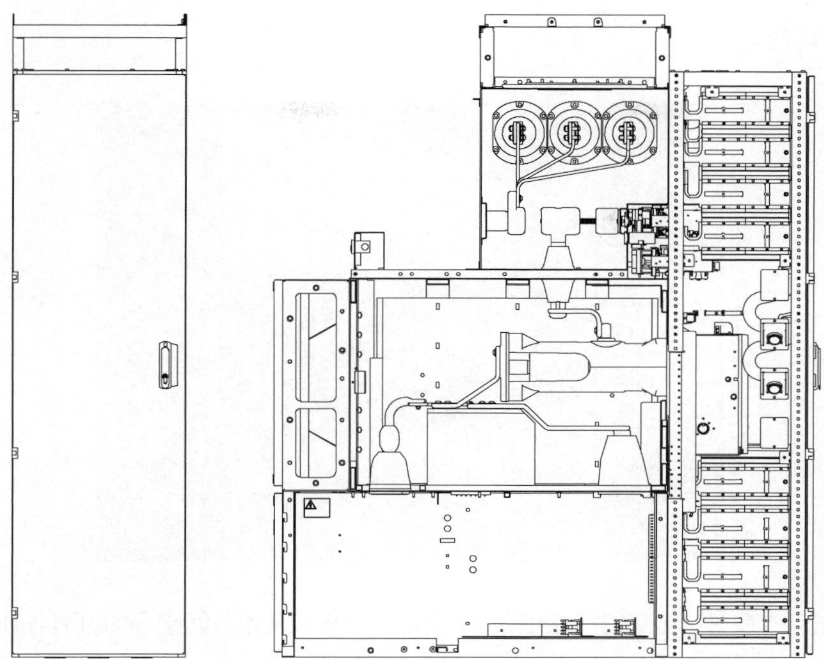

案例 5　XGN118－12/T630－20 环保型空气绝缘交流金属封闭开关设备产品

某供电公司 220kV 阳山变电站 10kV 光明一线玫瑰苑公用配电站 10kV 开关设备选用 XGN118－12/T630－20 环保型空气绝缘交流金属封闭开关设备。该设备以洁净干燥空气作为绝缘气体，真空断路器为主开关元件，全密封结构，额定充气压力 0.12MPa（绝对压力）。该项目主要柜型有主变压器进线柜、进线 TV 柜、馈线柜、母线 TV 柜；额定电压 12kV，主母线额定电流 630A，馈线柜额定电流 630A，开关额定短路电流 20kA，总计 9 个气体绝缘单元环网柜。该项目 10kV 开关设备 2017 年 12 月投运，运行至今性能稳定，状态良好。

一次系统图

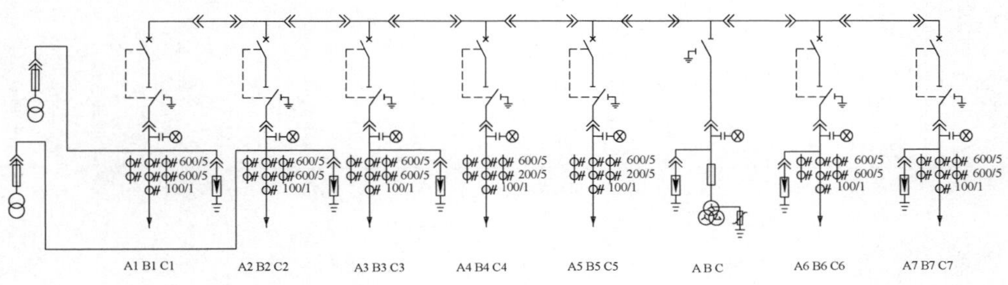

现场图片

案例 6　XGN118－12/T630－20 环保型空气绝缘交流金属封闭开关设备产品

某供电公司 10kV 沿江西路公用配电站 10kV 开关设备选用 XGN118－12/T630－20 环保型空气绝缘交流金属封闭开关设备。该设备以洁净干燥空气作为绝缘气体，真空断路器为主开关元件，全密封结构，额定充气压力 0.12MPa（绝对压力）。该项目主要柜型有主变进线柜、进线 TV 柜、馈线柜、母线 TV 柜；额定电压 12kV，主母线额定电流 630A，馈线柜额定电流 630A，开关额定短路电流 20kA，总计 8 个气体绝缘单元环网柜。该项目 10kV 开关设备 2017 年 12 月投运，运行至今性能稳定，状态良好。

一次系统图

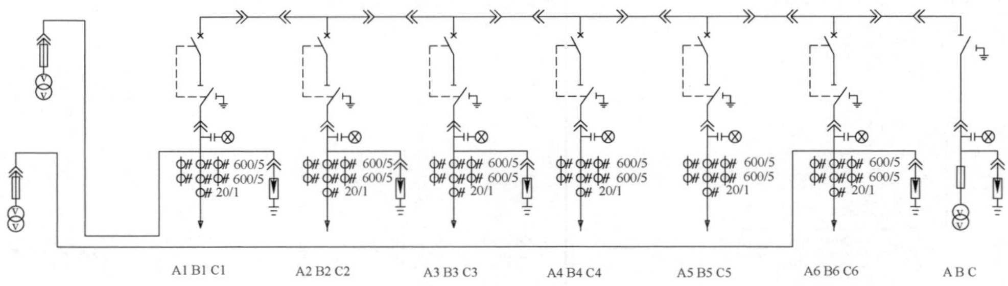

现场图片

案例 7　Airing 环保型系列环网柜产品

从 2015 年 5 月起，某中央公园小区配电系统工程 1 号、2 号配电室项目（26 台环保型环网柜）开始使用 Airing 环保型环网柜产品。Airing 环保型环网柜结构是将所有带电部件全部密封在由激光焊接而成的不锈钢气箱内，并充注微正压（相对压力 0.02MPa）的氮气作为防护气体，可有效防止外部潮气进入气箱内部影响气箱内部的绝缘性能。该项目主要柜型有进线柜、TV 柜等；额定电压 12kV，主母线额定电流 630A，馈线柜额定电流 630A，额定短路电流 20kA。

至 2017 年 12 月厦门华电生产环保型 Airing 环网柜产品在某供电公司共有

438 台投入运行，投入运行至没有出现任何问题。

一次系统图

柜型：Airing 环保型环网柜	堵头封堵　　电缆连接　　堵头封堵
额定电压：12kV	
工频/冲击耐压：42/75kV	
主母线电流：630A	
主母线类型：Cu	
控制电源：DC 48V	
储能马达电源：DC 48V	
防护等级　IP3X/IP67	
单线图	

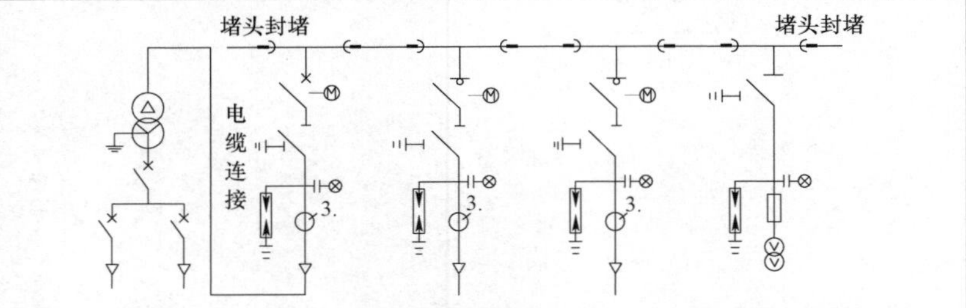

环网柜型号		Airing-TM	Airing-CB	Airing-C	Airing-C	Airing-PT
环网柜扩展方式			左右内锥	左右内锥	左右内锥	左右内锥
环网柜尺寸（宽×深×高）mm		850×840×1800	450×800×1800	450×800×1800	450×800×1800	450×800×1800
环网柜回路编号		G10	G8	G6	G4	G2
应用		Ⅱ段站用变压器柜	Ⅱ段站用变压器 10kV 开关柜	出线柜	Ⅱ段进线柜	Ⅱ段母线电压互感器柜
主要参数	主开关额定电流	干式变压器：SC10-50kVA 10.5±2×2.5%/0.4kV Dyn11 1 台 低压开关 GM225M/3P I_N=100A 1 台 GM100M/3P I_N=80A 2 台	630A	630A	630A	
	短路开断电流		20kA			
	短时耐受电流		20kA，4s	20kA，4s	20kA，4s	
一次设备	断路器/负荷开关		Airing-CB	Airing-L	Airing-L	
	接地开关		Airing-ES	Airing-ES	Airing-ES	Airing-ES
	隔离开关		Airing-DS，手动	Airing-DS，手动	Airing-DS，手动	Airing-DS，手动
	操动机构		电动 DC48V	电动 DC48V	电动 DC48V	手动操作
	电流互感器		3×LDZK-10	3×LDZK-10	3×LDZK-10	
			100/5　0.5/10P10	300/5　0.5	600/5　0.5	
	零序电流互感器					
	电压互感器					JSZV18-10R
						10/0.1/0.22，0.5/3.60/500VA
	熔断器					XRNP-12/0.5（另备 3 只）
	避雷器		AHY5WZ7-17/45 后插避雷器	AHY5WZ7-17/45 后插避雷器	AHY5WZ7-17/45 后插避雷器	AHY5WZ7-17/45 后插避雷器
	电缆头及电缆截面积		AQT3-15/630K/70	AQT3-15/630K/185	AQT3-15/630K/185	AQT3-15/630K/35，APT-15/35
	冷缩电缆附件					
	低压箱高度（mm）		355	355	355	355
二次设备	微机保护装置		AP330-T			
	仪表		3×99T1-A	3×99T1-A	3×99T1-A	1×99T1-V
						电源模块（LBA500DE220D48-034）
	充电装置，蓄电池					4 只 26AH 蓄电池
	短路故障指示器		FDSE10-A	FDSE10-A	FDSE10-A	
	带电显示器		GSN2+DNBS-3U	GSN2+DNBS-3U	GSN2+DNBS-3U	GSN2

注：1. 操作电源 DC48V 配置 1 套电源模块 LBA500DE220D48-034 及 4 只 26AH 蓄电池；

2. 所有分、合闸按钮加防护罩；

3. 电缆室门配置观察窗；

4. 进出线柜预留“三遥”功能接点；

5. 负荷开关、隔离开关操动机构设可挂锁孔，直径为ϕ8.5；

6. TV 柜均多配置 3 只熔断器作为备品备件。

柜型：Airing 环保型环网柜	堵头封堵　　　　堵头封堵
额定电压：12kV	
工频/冲击耐压：42/75kV	
主母线电流：630A	
主母线类型：Cu	
控制电源：DC 48V	
储能马达电源：DC 48V	
防护等级　IP3X/IP67	
单线图	

环网柜型号		Airing-PT	Airing-C	Airing-C	Airing-C
环网柜扩展方式		左右内锥	左右内锥	左右内锥	左右内锥
环网柜尺寸（宽×深×高）mm		450×800×1800	450×800×1800	450×800×1800	450×800×1800
环网柜回路编号		G1	G3	G5	G7
应用		Ⅰ段母线压变柜	Ⅰ段进线柜	Ⅰ段预留备用 1	出线柜
主要参数	主开关额定电流		630A	630A	630A
	短路开断电流				
	短时耐受电流		20kA，4s	20kA，4s	20kA，4s
一次设备	断路器/负荷开关		Airing-L	Airing-L	Airing-L
	接地开关	Airing-ES	Airing-ES	Airing-ES	Airing-ES
	隔离开关	Airing-DS，手动	Airing-DS，手动	Airing-DS，手动	Airing-DS，手动
	操动机构	手动操作	电动 DC48V	电动 DC48V	电动 DC48V
	电流互感器		3×LDZK-10	3×LDZK-10	3×LDZK-10
			600/5　0.5	600/5　0.5	300/5　0.5
	零序电流互感器				
	电压互感器	JSZV18-10R			
		10//0.1/0.22,0.5/3.60/500VA			
	熔断器	XRNP-12/0.5（另备 3 只）			
	避雷器	AHY5WZ7-17/45 后插避雷器	AHY5WZ7-17/45 后插避雷器	AHY5WZ7-17/45 后插避雷器	AHY5WZ7-17/45 后插避雷器
	电缆头及电缆截面积	AQT3-15/630K/35　， APT-15/35	AQT3-15/630K/185	绝缘帽封堵	AQT3-15/630K/185
	冷缩电缆附件				
	低压箱高度（mm）	355	355	355	355
二次设备	微机保护装置				
	仪表	1×99T1-V	3×99T1-A	3×99T1-A	3×99T1-A
		电源模块 （LBA500DE220D48-034）			
	充电装置，蓄电池	4 只 26AH 蓄电池			
	短路故障指示器		FDSE10-A	FDSE10-A	FDSE10-A
	带电显示器	GSN2	GSN2+DNBS-3U	GSN2+DNBS-3U	GSN2+DNBS-3U

注：1. 操作电源 DC48V 配置 1 套电源模块 LBA500DE220D48-034 及 4 只 26AH 蓄电池；

2. 所有分、合闸按钮加防护罩；

3. 电缆室门配置观察窗；

4. 进出线柜预留“三遥”功能接点；

5. 负荷开关、隔离开关操动机构设可挂锁孔，直径为ϕ8.5；

6. TV 柜均多配置 3 只熔断器作为备品备件；

7. 备用的用绝缘帽封堵。

现场图片

案例 8　海泰系列产品

某供电公司站前电缆网 3 号东六路开闭站，位于地下一层，运行环境十分潮湿。在旧站改造时，更换为 HG4－12/1250－31.5 型气体绝缘金属封闭开关设备（C-GIS）。设备采用洁净干燥空气作为绝缘介质，以真空断路器为主开关元件，全密封结构，额定充气压力 0.14MPa（绝对压力）。该站额定电压 12kV，主母线额定电流 1250A，馈线柜额定电流 1250A，开关额定短路开断电流 31.5kA，采用单母线分段运行方式，共 21 台柜，柜型主要包括主受柜、TV 柜、分断开关柜、分断隔离柜、馈线柜等。2016 年 2 月投运，运行至今性能稳定，状态良好。

一次系统图

平面布置图代号	G1	G2	G3	G4	G5	G6	G7	G8	G9	G10	G11	G12	G13	G14	G15	G16	G17	G18	G19	G20	G21
12kV 一次技术方案	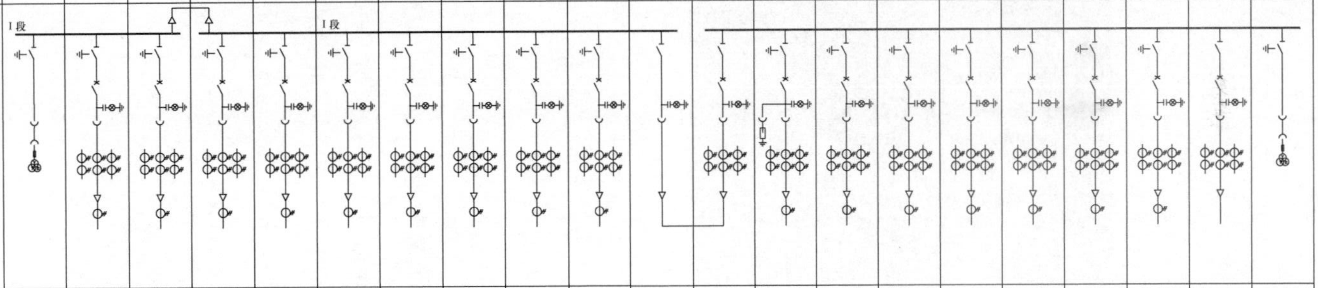 I段					I段															
设备名称	TV柜	东六直供线	东六2号线	地下商场一线	东六3号线	东六1号线	乐园干线	石化一线	安居一线	I段受入柜	分段隔离柜	联络柜	II段受入柜	安居二线	东六所配线	石化二线	地下商场二线	东六4号线	东六5号线	东六6号线	II TV柜
额定电压（kV）	12	12	12	12	12	12	12	12	12	12	12	12	12	12	12	12	12	12	12	12	12
额定电流（A）		1250	1250	1250	1250	1250	1250	1250	1250	1250	1250	1250	1250	1250	1250	1250	1250	1250	1250	1250	
额定短路开断电流（kA）		31.5	31.5	31.5	31.5	31.5	31.5	31.5	31.5	31.5		31.5	31.5	31.5	31.5	31.5	31.5	31.5	31.5	31.5	
外扩尺寸（宽×深×高）	550×1300×2100	550×1300×2100	800×1300×2100	800×1300×2100	550×1300×2100	550×1300×2100	550×1300×2100	550×1300×2100	550×1300×2100	550×1300×2100	550×1300×2100	550×1300×2100	550×1300×2100	550×1300×2100	550×1300×2100	550×1300×2100	550×1300×2100	550×1300×2100	550×1300×2100	550×1300×2100	550×1300×2100

现场图片

案例 9　XGN118 系列产品

某电业局配电站，位于市中心区，供电要求可靠性较高。该站采用了 XGN118－12/630－20 型气体绝缘金属封闭开关设备（RMU）。设备采用洁净干燥空气作为绝缘介质，以真空断路器为主开关元件，全密封结构，额定充气压力 0.12MPa（绝对压力）。该站额定电压 12kV，进出线柜额定电流 630A，开关额定短路开断电流 20kA，共 5 台柜，柜型主要包括 C 柜、V 柜、TV 柜。2016 年 2 月投运，运行至今性能稳定，状态良好。

一次系统图

平面布置图代号					G1		G2		G3		G4		G5	
一次方案图					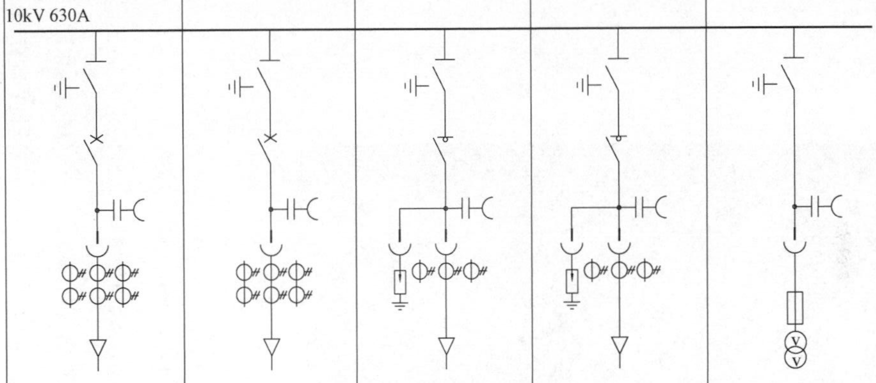 10kV 630A									
设备名称														
高压开关柜型号XGN118-12kV/630A-20					V		V		C		C		TV	
序号	元件名称	型号	单位	合计数量	参数规格	数量	参数规格	数量	参数规格	数量	参数规格	数量	参数规格	数量
1	真空负荷开关	HF7-12(F)/T630-20	台	2						1		1		
2	负荷开关操动机构	DC48V电动、弹操	组	2						1		1		
3	真空断路器	HV7-12(Z)/T630-20	台	1		1		1						
4	断路器操动机构	DC48V电动、弹操	组	1		1		1						
5	三位置开关	HD7-12/630-20	台	4		1		1		1		1		1
6	三位置开关操动机构	手动	组	4		1		1		1		1		1

现场图片

案例 10 HG3 系列产品

某并网光伏电站，海拔 3000m，为升压站。变电站的 3T 和 4T 两个主变压器开关室分别采用了 HG3－40.5/2500－31.5、HG3－40.5/1250－31.5 型气体绝缘金属封闭开关设备（C-GIS）。设备采用洁净干燥空气作为绝缘介质，以真空断路器为主开关元件，全密封结构。该站额定电压 40.5kV，主母线额定电流 2500A，进线柜额定电流 1250A，出线柜额定电流 2500A，开关额定短路开断电流 31.5kA，采用单母线分段运行方式，每个开关室各安装 16 台柜，共 32 台柜。柜型主要包括进线柜、TV 柜、分断开关柜、分断隔离柜、馈线柜等。2014 年 9 月投运，运行至今性能稳定，状态良好。

一次系统图

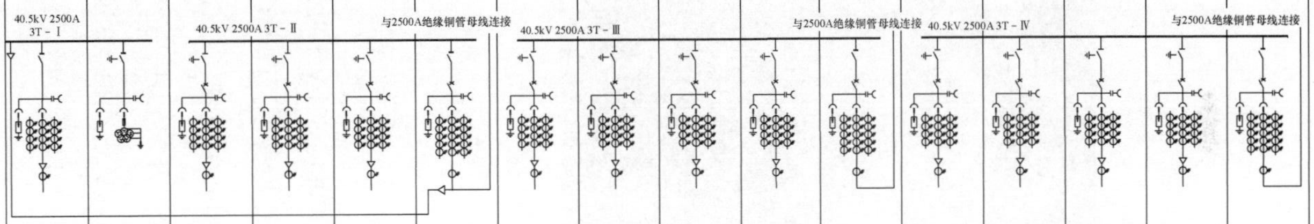

平面布置图代号					3T-1号		3T-2号		3T-3号		3T-4号		3T-5号		3T-6号		3T-7号		3T-8号		3T-9号		3T-10号		3T-11号		3T-12号		3T-13号		3T-14号		3T-15号		3T-16号	
40.5kV 一次方案图					40.5kV 2500A 3T－Ⅰ				40.5kV 2500A 3T－Ⅱ						与2500A绝缘铜管母线连接		40.5kV 2500A 3T－Ⅲ								与2500A绝缘铜管母线连接		40.5kV 2500A 3T－Ⅳ								与2500A绝缘铜管母线连接	
设备名称					接地变压器		母线保护柜		SVG无功补偿Ⅰ		SVG无功补偿Ⅱ		备用		主变压器出线Ⅰ		备用		光伏进线Ⅰ		光伏进线Ⅱ		光伏进线Ⅲ		主变压器出线Ⅱ		备用		光伏进线Ⅳ		光伏进线Ⅴ		光伏进线Ⅵ		主变压器出线Ⅲ	
开关柜生产编号																																				
序号	元件名称	型号	单位	合计数量	参数规格	数量	参数规格	数量	参数规格	数量	参数规格	数量	参数规格	数量	参数规格	数量	参数规格	数量	参数规格	数量	参数规格	数量	参数规格	数量	参数规格	数量	参数规格	数量	参数规格	数量	参数规格	数量	参数规格	数量	参数规格	数量
1	真空断路器	HV3-40.5/T1250-31.5	台	11						1		1		1				1		1		1		1				1		1		1		1		
2	真空断路器	HV3-40.5/T2500-31.5	台	3												1										1										1
3	三位置开关	HD3-40.5/1250-31.5	台	13		1		1		1		1		1				1		1		1		1				1		1		1		1		
4	三位置开关	HD3-40.5/2500-31.5	台	3												1										1										1

现场图片

案例 11　HG3 和 HG4 系列产品

某 35kV 输变电工程，安装地海拔 4000m。35kV/10kV 开关柜、二次及通信设备共用预制舱体。35kV/10kV 开关柜采用了 HG3－40.5/1250－31.5、HG4－12/1250－31.5 型气体绝缘金属封闭开关设备（C-GIS）。设备均采用洁净干燥空气作为绝缘介质，以真空断路器为主开关元件，全密封结构。35kV/10kV 均采用单母线运行方式，主要柜型包括 35kV 进线柜、35kV TV 柜、10kV 进线柜、10kV 馈线柜、10kV TV 柜等。2016 年 11 月投运，运行至今性能稳定，状态良好。

一次系统图

平面布置图代号					1–1		1–2	
一次方案图（40.5kV I_e=1250A）								
用电设备名称					主变柜		TV柜	
开关设备生产编号					16015101		16015102	
开关设备尺寸					700×1350×2300		850×1350×2300	
序号	元件名称	型号	单位	合计数量	规格	数量	规格	数量
1	真空断路器	HV3–40.5/1250–31.5kA	台	1		1		
2	三位置开关	HD3–40.5/1250–31.5kA	台	2		1		1

平面布置图代号					2–1		2–2		2–3		2–4		2–5		2–6		2–7		2–8	
一次方案图（12kV I_N=1250A）																				
用电设备名称					主变压器进线		出线四		TV柜		出线三		出线二		出线一		站用变压器		无功补偿	
开关设备生产编号					16015201		16015202		16015203		16015204		16015205		16015206		16015207		16015208	
开关设备尺寸（mm×mm×mm）					550×1250×2300		550×1250×2300		850×1250×2300		550×1250×2300		550×1250×2300		550×1250×2300		550×1250×2300		550×1250×2300	
序号	元件名称	型号	单位	合计数量	规格	数量	规格	数量	规格	数量	规格	数量	规格	数量	规格	数量	规格	数量	规格	数量
1	真空断路器	HV4–12/T1250–31.5	台	7		1		1				1		1		1		1		1
2	三位置开关	HD4–12/1250–31.5	台	8		1		1		1		1		1		1		1		1

预制舱内部布置图

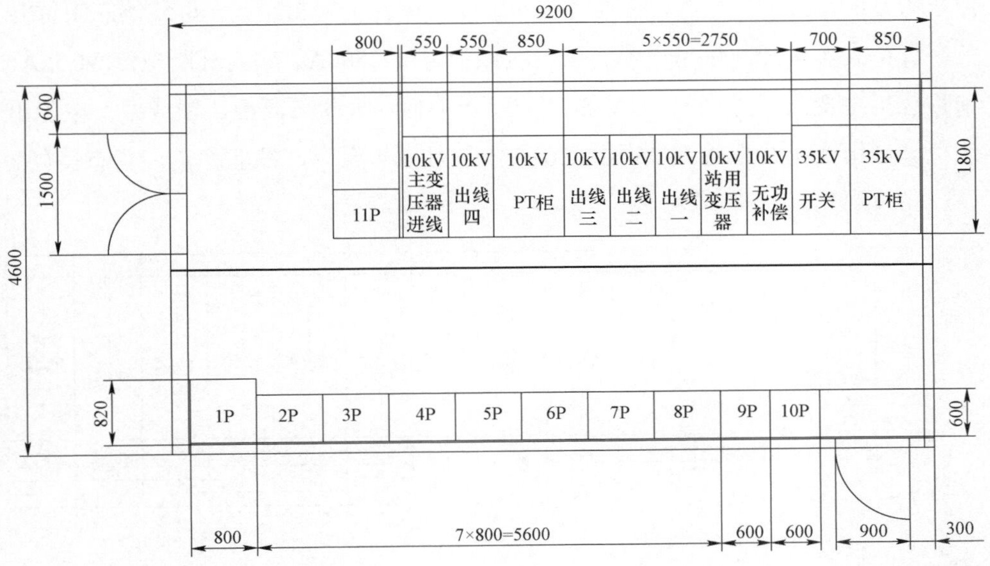

现场图片

案例 12　12kV 环保气体绝缘产品

某 110kV 变电站为 2013 年新一代智能开关站示范工程项目，10kV 侧开关设备选用 N2X－12 型气体绝缘金属封闭开关设备（C-GIS）。该设备采用充入额定压力 0.02MPa（相对值）的氮气作为绝缘气体的全密封结构、母线侧三工位开关、真空灭弧室开断短路电流。主母线额定电流 2500A、额定开断电流 31.5kA。项目包括主变压器进线柜、TV 柜、分断开关柜、分断隔离柜、馈线柜、电容出线柜、站用变出线柜等共 46 面。2015 年 5 月投运至今，性能稳定，状态良好。

1）项目典型一次系统图。

一次方案图形												
柜编号	224	223	222	221	220	219	218	217	216	215	214	213
柜用途或名称	Ⅱ(2)-Ⅲ(1)分段开关	馈214S	Ⅱ(2)TV柜	馈213S	馈212S	馈211S	馈210S	馈209S	馈208S	2号站用变压器	Ⅱ(2)主变压器进线	4号电容器
额定电压	12kV	12kV	12kV	12kV	12kV	12kV	12kV	12kV	12kV	12kV	12kV	12kV
额定电流	1250A	1250A		1250A	1250A	1250A	1250A	1250A	1250A	1250A	2500A	1250A
额定短路开断电流	31.5kA	31.5kA		31.5kA	31.5kA	31.5kA	31.5kA	31.5kA	31.5kA	31.5kA	31.5kA	31.5kA

2）设备现运行场照片。

案例 13　N2X 系列产品

某小区开关站，10kV 开关设备选用 N2X－12 型氮气绝缘金属封闭开关设备。项目包含进线、TV、分断开关、分断隔离、馈线等共 14 面 C-GIS 充气柜，主母线额定电流 1250A，额定短路开断电流 31.5kA。项目 2010 年 6 月投运至今性能稳定，状态良好。

1）一次系统图。

系统图														
柜编号	G1	G2	G3	G4	G5	G6	G7	G8	G9	G10	G11	G12	G13	G14
柜名及用途	武13宁武	16翔南Ⅰ	15菜场	1号站用变压器	3号站用变压器	一段电压互感器避雷器	分段开关	分段闸刀	二段电压互感器避雷器	2号站用变压器	4号站用变压器	备用1	26翔南Ⅱ	武27宁武
额定电压	12kV	12kV	12kV	12kV	12kV	12kV	12kV	12kV	12kV	12kV	12kV	12kV	12kV	12kV
额定电流	1250A	630A	630A	630A	630A		1250A	1250A		630A	630A	630A	630A	1250A
额定短路开断电流	31.5kA	31.5kA	31.5kA	31.5kA	31.5kA		31.5kA	31.5kA		31.5kA	31.5kA	31.5kA	31.5kA	31.5kA

2）设备运行现场照片。

案例 14　40.5kV 环保气体绝缘产品

某 110kV 变电站 35kV 侧开关设备选用 N2N－40.5 型氮气绝缘金属封闭开关设备（C-GIS）。该设备采用充入额定压力 0.02MPa（相对值）的氮气作为绝缘气体的全密封结构、母线侧三工位开关、真空灭弧室开断短路电流。主母线额定电流 1250A、额定开断电流 31.5kA。项目包括主变压器进线柜 1 面、TV 柜 2 面、分断开关柜 1 面、分断隔离柜 2 面、馈线柜 7 面，共 13 面。2016 年 1 月投运至今，运行良好。

1）一次系统图。

系统图													
柜编号	01	02	03	04	05	06	07	08	09	10	11	12	13
柜名及用途	1号母线设备柜	1号主变压器	分段隔离	分段开关	2号主变压器	2号母线设备柜	分段隔离	线路8	线路7	线路6	线路5	线路4	线路3
额定电压	40.5kV	40.5kV	40.5kV	40.5kV	40.5kV	40.5kV	40.5kV	40.5kV	40.5kV	40.5kV	40.5kV	40.5kV	40.5kV
额定电流		1250A	1250A	1250A	1250A		1250A	1250A	1250A	1250A	1250A	1250A	1250A
额定短路开断电流		31.5kA		31.5kA	31.5kA			31.5kA	31.5kA	31.5kA	31.5kA	31.5kA	31.5kA

2）现场照片。

案例 15　LCG－12 系列产品案例描述

内蒙古自治区海拉尔市，极端环境温度－46℃，选用 LCG－12/630－25 型氮气绝缘金属封闭环网箱。其中环网开关以氮气作为绝缘气体的全密封结构，额定充气压力 0.02MPa（相对值）。项目由 2 台负荷开关进线柜、2 台真空断路器馈线柜以及 1 台电压互感器柜安装于不锈钢环网箱内。额定电压 12kV，额定电流 630A，额定短路开断电流 20kA。项目自 2015 年 11 月投入运行至今，运行正常。

1）一次系统图。

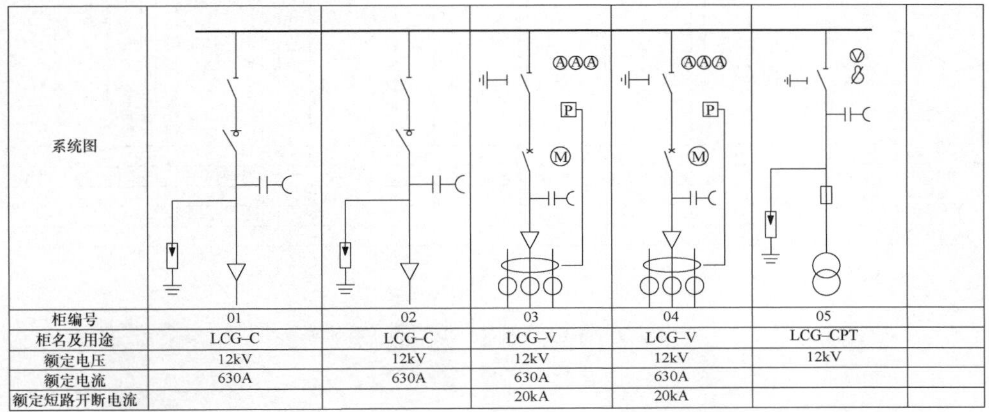

系统图						
柜编号	01	02	03	04	05	
柜名及用途	LCG–C	LCG–C	LCG–V	LCG–V	LCG–CPT	
额定电压	12kV	12kV	12kV	12kV	12kV	
额定电流	630A	630A	630A	630A		
额定短路开断电流			20kA	20kA		

2）现场照片。

案例 16　LCG 系列产品

上海某项目，12kV 开关设备选用 LCG－12/630－25 型气体绝缘金属封闭开关设备。该设备以 N2 作为绝缘气体，真空负荷开关、真空断路器为主开关元件，全密封结构，额定充气压力 0.12MPa（绝对压力）。本项目由 2 台计量柜、2 台母联柜、2 台 CTV 柜、2 台 LCG－C 进线柜以及 4 台 LCG－V2 馈线柜组成。额定电压 12kV，额定电流 630A，开关额定短路电流 25kA。该项目 2017 年 2 月运行至今，性能稳定，状态良好。

1）一次系统图。

系统图	*电业供 *电业供 1*(FKN12-12) 左侧倒装	EPM P M		EPM P M	EPM P M	EPM P M	EPM P M		EPM P M	*电业供 *电业供 1*(FKN12-12) 右侧倒装
柜编号	01	02	03	04	05	06	07	08	09	10
柜名及用途	2号进线计量	2号总开关	2号电压互感器避雷器	配电变压器3	配电变压器4	配电变压器2	配电变压器1	1号电压互感器避雷器	1号总开关	1号进线计量
额定电压	12kV	12kV	12kV	12kV	12kV	12kV	12kV	12kV	12kV	12kV
额定电流	630A	630A		630A	630A	630A	630A		630A	630A
额定短路开断电流		25kA		25kA	25kA	25kA	25kA		25kA	

2）现场照片。

参 考 文 献

［1］ 罗学琛. SF_6 气体绝缘全封闭组合电器（GIS）［M］. 北京：中国电力出版社，1998.

［2］ Cook E. Lifetime commitments：Why climate policy－makers can't afford to overlook fully fluorinated compounds ［M］. Washington：World Resources Institute，1995.

［3］ Rigby M，Mühle J，Miller B R，et al. History of atmospheric SF_6 from 1973 to 2008 ［J］. Atmos. Chem. Phys，2010，10（21）：10305－10320.

［4］ Maiss M，Brenninkmeijer C A. Atmospheric SF_6：trends，sources，and prospects ［J］. Environmental Science & Technology，1998，32（20）：3077－3086.

［5］ 相震. 减排六氟化硫应对全球气候变化 ［J］. 中国环境管理，2010，2：23－27.

［6］ Forster P，Ramaswamy V，Artaxo P，et al. Changes in atmospheric constituents and in radiative forcing in climate change 2007：The physical science basis ［J］. Contribution of Working Group I to the Fourth Assessment Report of the Intergovernmental Panel on Climate Change，2007.

［7］ Ravishankara A R，Solomon S，Turnipseed A A，et al. Atmospheric lifetimes of long－lived halogenated species ［J］. Science，1993，259（5092）：194－199.

［8］ Rinsland C P，Brown L R，Farmer C B. Infrared spectroscopic detection of sulfur hexafluoride （SF_6） in the lower stratosphere and upper troposphere ［J］. Journal of Geophysical Research：Atmospheres（1984—2012），1990，95（D5）：5577－5585.

［9］ Christophorou L G，Olthoff J K. Electron interactions with SF_6 ［J］. Journal of Physical and Chemical Reference Data，2000，29（3）：267－30.

［10］ 吴鹏，单葆国，葛旭波，等. 坚强智能电网服务国家碳减排目标 ［J］. 能源技术经济，2010，22（6）：9－13.

［11］ 王平. 中压 C-GIS 的应用状况与发展趋势 ［J］. 电力设备，2006，7（2）：4－9.

［12］ 王金刚. 中压 C-GIS（充气柜）发展方向及技术问题 ［J］. 电力设备，2005，6（2）：121－122.

［13］ 李建基. 中压充气柜的发展 ［J］. 大众用电，2003（5）：2－17.

［14］ 谭燕，陈慎言，钱立骁，等. 环保型 12－40.5kV 的 C-GIS 非 SF_6/少 SF_6 N2S/N2X 的研

发和一些比较［J］. 电器工业，2008（12）：41－46.

［15］李建基. 非充 SF_6 气体充气柜（C-GIS）［J］. 电气技术，2006（4）：64－67.

［16］Boschee P. Substitutes for SF_6 present many challenges［J］. Electric Light & Power，1998.

［17］Takuma T.Gas insulation and greenhouse effect［J］. IEE Japan 1999：119，232–235.

［18］梁曦东，陈昌渔，周远翔. 高电压工程［M］. 北京：清华大学出版社，2003.

［19］Christophorou L G，Olthoff J K，Green D S. Gases for Electrical Insulation and Arc Interruption：Possible Present and Future Alternatives to Pure SF_6［J］. NIST TN－1425，2011，8（March）：391.

［20］熊泰昌. 内部电弧故障试验情况下中压开关柜强度计算［J］. 高压电器，2002，38（4）：42－44.

［21］邓云坤，马仪，陈先富，等. 六氟化硫替代气体研究进展综述［J］. 云南电力技术，2017，45（2）：124－128.

［22］邓云坤，马仪，陈先富，等. CF3I－N2 混合气体在稍不均匀和极不均匀电场中的工频击穿特性［J］. 高电压技术，2017（3）：754－764.

［23］李兴文，邓云坤，姜旭，等. 环保气体 C4F7N 和 C5F10O 与 CO_2 混合气体的绝缘性能及其应用［J］. 高电压技术，2017，43（3）：708－714.